I0001915

INTRODUCTION

A LA

DESCRIPTION GÉOLOGIQUE

DU

DÉPARTEMENT DE L'HÉRAULT

PAR

PAUL DE ROUVILLE

Professeur de Minéralogie et de Géologie à la Facuité des Sciences
de Montpellier.

DEUXIÈME ÉDITION.

MONTPELLIER

TYPOGRAPHIE ET LITHOGRAPHIE DE BOEHM & FILS

IMPRIMEURS DE L'ACADÉMIE DES SCIENCES ET LETTRES

ÉDITEURS DU MONTPELLIER MÉDICAL.

1876

INTRODUCTION

A LA

DESCRIPTION GÉOLOGIQUE

DU DÉPARTEMENT DE L'HÉRAULT

1374

Propriété départementale.

Tirage à 1,500 exemplaires. — Prix : 3 Fr.

(Délibération du Conseil Général du 12 avril 1875.)

INTRODUCTION

A LA

DESCRIPTION GÉOLOGIQUE

DU

DÉPARTEMENT DE L'HÉRAULT

PAR

PAUL DE ROUVILLE

Professeur de Minéralogie et de Géologie à la Faculté des Sciences
de Montpellier.

DEUXIÈME ÉDITION.

MONTPELLIER

TYPOGRAPHIE ET LITHOGRAPHIE DE BOEHM & FILS

IMPRIMEURS DE L'ACADÉMIE DES SCIENCES ET LETTRES

ÉDITEURS DU MONTPELLIER MÉDICAL.

1876

PRÉAMBULE

J'ai essayé de réunir en quelques pages les notions de Géologie indispensables pour l'intelligence des faits géologiques qui intéressent notre département.

Je me suis efforcé de le faire dans un langage à la portée de tous, même de ceux qui sont jusqu'ici demeurés tout à fait étrangers à cet ordre de connaissances.

La Géologie a pris aujourd'hui un tel crédit ; elle a des utilités si diverses pour les esprits les plus pratiques ; elle s'impose d'une manière si absolue, pour tout ce qui concerne les questions d'origine, aux préoccupations des esprits les plus cultivés, que je regarde comme un devoir de profession d'en vulgariser l'étude et d'en populariser les résultats.

Je me suis affranchi, dans cette exposition, du plan habituellement suivi. Je n'ai pas eu la prétention de remplacer les excellents Manuels ou Traités de quelques-uns de mes Collègues ; je n'ai voulu qu'élargir mon amphithéâtre, pour parler, en même temps qu'à mon auditoire habituel, à tous ceux des habitants de l'Hérault éloignés de notre Faculté, dont il m'est plus d'une fois arrivé de reconnaître la bonne volonté et l'intelligente curiosité pour tout ce qui a trait à l'histoire de notre globe et à celle, en particulier, de la région qu'ils habitent.

1

Le but que je poursuis a un caractère si privé, et je pourrais dire si intime, qu'à l'appui des faits énoncés je n'ai puisé mes exemples et mes preuves que dans le département de l'Hérault ; ce qui m'a été, du reste, rendu facile par la richesse tout exceptionnelle de notre département en documents géologiques.

Le Conseil Général, en votant l'exécution de la Carte géologique de l'Hérault, et en l'assurant par de libérales subventions, a fait une œuvre de haute sollicitude scientifique ; j'ai cru entrer dans ses intentions et justifier une confiance dont je le remercie, en cherchant, dans l'accomplissement de mon mandat, à concilier les devoirs de ma double vocation, d'homme de science et de professeur.

Une publication ultérieure plus technique sera consacrée à la description géologique de chacune des masses minérales qui, sous le nom de terrains, entrent dans la composition du département.

DIVISIONS DE LA NOTICE

Dans une première partie, je réunis, sous la dénomination de *Notions fondamentales de Géologie*, les principaux faits d'observation qui m'ont paru contenir tout ce qu'il est nécessaire de connaître pour se faire une notion exacte de la constitution de notre globe et de son histoire. Quelques considérations pratiques, dont j'ai fait suivre ces notions, ont pour but de faciliter la compréhension et la lecture des Cartes géologiques les plus détaillées, et de celles de l'Hérault en particulier.

Dans une seconde partie, j'expose les principaux résultats des explorations géologiques auxquelles je me suis livré dans le département, durant une période de plus de vingt années ; j'y passe en revue les différents traits de la physionomie de l'Hérault qui relèvent de sa constitution géologique. Cette seconde partie se termine par quelques pages où j'ai essayé d'esquisser l'histoire de la formation progressive de notre sol, sorte de géographie rétrospective de la surface qui forme aujourd'hui le département de l'Hérault.

Un Vocabulaire spécial, placé à la fin de cette Notice, contient les définitions des roches et des fossiles que j'ai eu l'occasion de signaler, et l'explication de tous les termes scientifiques dont je n'ai pu éviter l'emploi.

INTRODUCTION

A LA

DESCRIPTION GÉOLOGIQUE

DU DÉPARTEMENT DE L'HÉRAULT

PREMIÈRE PARTIE

NOTIONS FONDAMENTALES

I.

Deux faits prouvent que la terre n'a pas toujours été dans l'état où elle est maintenant : le fait de son renflement à l'équateur et de son aplatissement aux pôles, et le fait de sa chaleur intérieure, indépendante de celle que les rayons du soleil peuvent lui communiquer.

Comme, pour la connaissance des lois qui régissent les astres, on doit se garantir des illusions des sens et introduire la notion de mouvement dans ce qui semble immobile (la terre) et d'immobilité relative dans ce qui semble se mouvoir (le soleil); ainsi, la connaissance de notre globe exige qu'on se garde des illusions des apparences, et qu'on admette une succession de phénomènes dans ce qui semble dater du même jour ou même coexister de tout temps..

Dans le domaine de l'histoire civile, ceux qui ne se bornent pas à connaître les événements de leur temps savent combien de siècles a exigés la formation de la plupart de nos nationalités ; notre France, par exemple, n'a conquis son unité que graduellement.

Il n'en est pas autrement dans l'histoire de notre globe ; les calculs des astronomes, les mesures des géomètres, les expériences des physiciens, en mettant en évidence sa vraie forme et sa chaleur intérieure, ont démontré qu'il s'est trouvé primitivement dans un état de fluidité ignée, et qu'il n'a acquis son état actuel qu'après des phases longues et successives de formation.

La Géologie ne débute, à proprement parler, qu'à l'une des plus modernes de ces phases : celle où notre planète a commencé à se refroidir et à se revêtir d'une écorce solide.

Les événements antérieurs à cette consolidation de la portion extérieure du globe appartiennent plus proprement au domaine de la Cosmogonie.

II.

Le globe terrestre n'est pas formé d'une seule matière. Les matériaux qui le composent sont peu nombreux.

Les noms, si familiers à tous, de calcaire ou pierre à chaux, de plâtre, de fer, etc.; celui même de granite, dont abusent parfois nos littérateurs, rappellent autant de substances minérales différentes que présente notre globe.

On compte cinq ou six cents de ces substances ; mais parmi elles il n'en est guère que quatre-vingts qui jouent un rôle notable dans la composition du globe; on les comprend sous la dénomination générale de *Roches*.

Ce nombre, déjà si restreint, peut encore se réduire au quart, c'est-à-dire à une vingtaine, si l'on veut ne tenir compte que de celles dont la connaissance est indispensable pour comprendre l'histoire et la structure de notre globe. J'en énumère ici vingt-quatre, dans l'ordre alphabétique, renvoyant aux Manuels, au Vocabulaire placé à la fin de cette Notice, et à nos collections de la Faculté des sciences, ceux de nos lecteurs qui voudront se familiariser avec les caractères qu'elles présentent[1].

Argile.

Basalte.

Calcaire.

Combustibles (Houille, Lignite).

Conglomérats (Brèche, Poudingue).

Dolomie.

Gneiss.

Granite-Gneiss.

Granite porphyroïde.

Grès.

Marne.

Micaschiste.

Porphyre.

Roches vertes (Amphibolite, Diorite, Mélaphyre, Serpentine. (Voir le mot *Roche* dans le Vocabulaire.)

Sable.

Schiste argileux.

Schiste talqueux ou Talcschiste.

Syénite.

Trachyte.

---

[1] Il serait facile et meilleur peut-être, pour l'étude, de se procurer à peu de frais, à Paris, dans un comptoir minéralogique (Comptoir de MM. Eloffe, Pisani) des échantillons des roches dont je dresse l'inventaire.

. Je ferai remarquer que quatre de ces roches, les *Brè-ches*, les *Poudingues*, les *Grès*, les *Sables*, constituent plutôt des états physiques particuliers que des natures spéciales de substances ; chacune des autres roches sus-nommées peut en effet se présenter à l'état de *Grès*, ou de *Brèche*, ou de *Poudingue*, c'est-à-dire à l'état de fragments fins ou grossiers, agglomérés, et de *Sable* ou de fragments très-atténués, incohérents. Je constaterai, en outre, que le *Granite porphyroïde* n'est en réalité qu'une variété de granite, et la *Marne* une variété de calcaire ou d'argile (V. le Vocabulaire) ; on compterait donc seulement dix-huit roches principales, ayant une composition spéciale ; néanmoins les *Grès*, les *Brèches*, les *Poudingues* et les *Sables*, occupant de grandes étendues en surface et affec-tant souvent de grandes épaisseurs, sont comptés parmi les sortes de roches ou de matériaux constitutifs du globe ; de son côté, le *Granite porphyroïde*, par son rôle spécial, mérite d'être distingué du Granite-Gneiss.

Les roches qui composent la liste précédente, sauf la Syénite, le Trachyte et le groupe des Roches vertes, entrent dans la composition minérale du département de l'Hérault ; le catalogue de nos roches départementales se réduit donc à dix-huit sortes seulement.

III.

**Les Roches ne reconnaissent pas toutes le même mode de formation.
Il y a trois sortes de Roches.**

Les unes, par la nature de leurs éléments et leur texture, rappellent les produits de nos volcans éteints ou en activité, et semblent s'être formées sous l'action d'une température élevée, soit sèche, soit humide; d'où le nom de *Roches ignées* [1] qu'elles ont reçu.

Ce sont, par lettre alphabétique :

> Basalte.
>
> Granite porphyroïde.
>
> Porphyre.
>
> *Roches vertes.*
>
> Syénite.
>
> Trachyte.

[1] Le nom de *Roches ignées*, donné aux roches dont les éléments et la texture rappellent les produits de nos volcans, n'implique pas nécessairement pour ces roches un mode de formation dans les conditions exclusives de la voie sèche ou d'une fusion purement ignée.

M. Delesse, en parlant de roches qu'il reconnaît comme les types des Roches ignées, dit : «Le trachyte et le dolérite nous offrent deux types de Roches ignées dont l'origine est bien certaine;.... elles ne contiennent pas d'eau en quantité notable, car celle qu'elles pouvaient renfermer s'est dégagée à l'état de fumarolles au moment de leur solidification » (*Bull. Soc. géol.*, session de Nevers, 1858, pag. 92). Et ailleurs (*Ibid.*, pag. 68) : « Si l'on rencontre une roche anhydre, on ne sera pas en droit d'en conclure qu'elle ne s'est pas formée en présence de l'eau ».

On est en effet unanime à invoquer, pour la formation des Roches dites ignées, l'intervention d'une température très-élevée, et l'on discute, au fond, moins sur la réalité que sur le mode et la dose de l'intervention de l'eau dans leur production; de là, le nom de *Roches hydrothermales* qu'on leur donne souvent.

D'autres sont analogues aux matériaux que transportent les cours d'eau, et aux sédiments qui s'effectuent au fond des masses d'eau, mers ou lacs ; elles s'appellent, pour cette raison, *Roches sédimentaires, neptuniennes* ou *aqueuses*.

Ce sont, dans le même ordre :

Argile.

Calcaire.

Combustibles (Houille, Lignite).

Conglomérats (Brèche, Poudingue).

Dolomie.

Grès.

Marne.

Sable.

Schiste argileux.

Une troisième sorte, par sa texture cristalline et sa structure feuilletée, dénote des conditions de production plus complexes, et comme l'intervention simultanée des deux agents, chaleur et eau [1]. On les désigne du nom de

---

[1] Je fais ressortir ici, en premier lieu, les deux caractères de cette troisième sorte de Roches, savoir : la texture cristalline des minéraux qui les constituent, et la structure qu'elles offrent; elles ne sont pas massives, comme les Roches ignées, mais se présentent en feuillets minces (φύλλον) ou en feuillets plus épais pouvant, par leur épaisseur, rappeler les bancs et les couches qui sont le propre des Roches dites stratifiées (XI). Cette disposition, plus ou moins réalisée en strates ou couches, leur a fait quelquefois donner le nom de Roches stratoïdes; j'aurais pu les appeler Roches cristallophylliennes et stratoïdes. (Voir le mot *Stratoïde* au Vocabulaire.)

Je dis, en second lieu, que le double caractère de texture et de structure semble dénoter l'intervention simultanée de la chaleur et de l'eau. Je veux dire par là que les conditions thermiques dans lesquelles se sont produites les Roches ignées ne devaient pas avoir complétement

Roches cristallophylliennes, qui rappellent leur double caractère : κρύσταλλος, cristal (texture cristalline), et φύλλον,
feuille (structure feuilletée).

Ce sont :

> Gneiss.
> Granite-Gneiss.
> Micaschiste.
> Schiste talqueux ou Talcschiste.

Le plateau de l'Espinouse, au N.-O. du département,
le massif du bois de Bernasobres , au N.-O. de Lunas
(V. Carte réduite), sont composés de Roches de la première
ou de la troisième sorte (granites, gneiss, micaschistes,
schistes talqueux); tout le reste du département est composé
de Roches sédimentaires (calcaires, grès, argiles) entre-
coupées et revêtues d'émissions d'autres Roches ignées,
porphyres (environs de Gabian et de Graissessac), et basaltes (environs de Lodève et de Pézenas).

On a voulu établir une catégorie spéciale de Roches
pour des matériaux unissant la texture cristalline des
Roches ignées à certains caractères tirés de la composition et du mode de dépôt particulièrement propres aux
Roches sédimentaires.

On doit les considérer comme des Roches sédimentaires
revêtues, après coup et sous des influences diverses, de

---

disparu quand ces nouvelles Roches se sont formées, mais avoir assez
diminué pour permettre à l'eau d'exercer à ce moment certaines actions
mécaniques qu'elle n'exerçait pas auparavant, et dont le résultat a été
la structure feuilletée ou stratiforme qu'elle leur a imprimée. (Voir le
mot *Ère* dans le Vocabulaire.)

la texture des Roches ignées ; cette altération de leurs traits primitifs leur a fait donner le nom de *Roches méta-morphiques* (μετὰ μορφή, changement de forme).

Je n'aurai donc pas à dresser une quatrième liste.

Quelques Géologues seraient disposés à ne voir dans les Roches cristallophylliennes que de simples produits de métamorphisme ; d'autres iraient jusqu'à étendre cette manière de voir aux Roches ignées elles-mêmes, en sorte qu'il n'y aurait pour eux, à proprement parler, dans l'état actuel des choses, que deux sortes de roches : des Roches sédimentaires et des Roches métamorphiques. Je crois plus sage de ne parler de métamorphisme qu'à l'occasion de roches d'origine incontestablement sédimentaire, mo-difiées visiblement dans une portion plus ou moins grande de leur étendue, comme le bois de nos foyers, qui se mo-difie et devient tison dans ses parties atteintes par le feu, suivant l'ingénieuse comparaison d'Élie de Beaumont.

A ces considérations, tirées de la texture et de la composition, se joint un nouveau trait confirmant les différences de conditions où se sont formées les trois sortes de roches.

Les Roches ignées ne renferment jamais de débris de plantes ou d'animaux ; les Roches sédimentaires en pré-sentent le plus souvent.

Les argiles exploitées dans les environs de Montpellier et de Béziers, les sables des faubourgs de Montpellier, les schistes exploités pour ardoises près de Lodève, ceux des régions houillères de Graissessac, du Bousquet, la plupart des calcaires qui se rencontrent dans nos quatre arrondissements, les lignites de la Caunette et d'autres lieux, renferment des empreintes organiques, des débris d'êtres, Mollusques, Crustacés, Vertébrés, que l'on chercherait vainement dans les granites de l'Espinouse ou dans les porphyres et les basaltes des localités désignées.

Les Roches ignées produites dans des conditions de température élevée ne sauraient contenir des traces de la vie, incompatible avec ces mêmes conditions.

Les Roches cristallophylliennes pourraient, à la rigueur, en présenter, à cause de l'intervention marquée de l'eau dans leur production. On cite, de nos jours, des organismes vivant dans les eaux thermales ; pourtant on doit s'attendre à trouver les conditions de la vie surtout réalisées dans les circonstances qui ont accompagné la production des Roches sédimentaires ; celles-ci, témoignant, par leurs caractères, d'opérations analogues à celles qui produisent les sédiments de nos fleuves et de nos mers, ont dû, comme la vase de nos fonds de mer actuels, se charger de dépouilles d'animaux.

Une simple trace de débris organique a été plus d'une fois, sous le champ du microscope, l'indice révélateur de l'origine vraiment sédimentaire de roches que des influences exercées postérieurement à leur dépôt avaient transformées au point de leur donner l'apparence de Roches ignées.

Les restes d'êtres qui ont vécu, coquilles, ossements, feuilles, fruits, dans leur état de nature ou sous forme d'empreintes ou de moules, constituent ce qu'on appelle vulgairement des *Fossiles* ; d'où le nom de *Fossilifères* donné aux Roches sédimentaires, et celui d'*Azoïques* (ἀ ξωή sans vie) donné aux Roches ignées et cristallophylliennes.

Un dernier trait, tiré de la structure, vient donner un nouveau relief à la différence des conditions qui ont présidé à la formation des trois sortes de Roches ignées, sédimentaires, cristallophylliennes.

Les Roches ignées sont massives, c'est-à-dire qu'elles ne sont pas susceptibles de se subdiviser en masses parallèles, d'une épaisseur uniforme, sur de grandes étendues.

Le granite de la Salvetat, le porphyre de Gabian, se brisent en blocs irréguliers.

Les Roches sédimentaires sont disposées en assises superposées, parallèles, séparées les unes des autres par des joints qui leur sont aussi parallèles. Cette disposition en assises, bancs, couches ou strates (*stratum*) leur a fait donner le nom de *Roches stratifiées*.

Les calcaires que le chemin de fer de Nimes traverse de Lunel au Grand-Gallargues, les Roches rouges au milieu desquelles circule le chemin de fer de Rabieux aux portes de Lodève, les calcaires de Bédarieux, ceux des environs de Lodève à Saint-Pierre-de-la-Fage ou à Saint-Félix, ceux de la région de Gorniès près de Ganges, présentent, entre mille autres, une très-nette stratification. Les grès, les poudingues et les sables eux-mêmes offrent dans leurs masses des lignes très-distinctes de séparation.

Les Roches cristallophylliennes présentent quelquefois une division en bancs parallèles qui les ferait prendre de loin pour des Roches sédimentaires, si leur texture essentiellement cristalline ne les en distinguait. Certains gneiss et certains granites ordinaires sont particulièrement dans ce cas. On a quelquefois nommé ces derniers granites stratifiés, et même granites neptuniens, pour les distinguer

des granites porphyroïdes, plus exclusivement ignés.
(V. le mot *Stratoïde* dans le Vocabulaire.)

IV.

Les trois sortes de Roches ont dans le globe une situation respective généralement constante.

Je dirai plus loin (XVI) comment l'observation directe a pu, sans le secours d'aucun procédé artificiel, reconnaître la composition du globe dans une certaine partie de son épaisseur; pour le moment, je me borne à formuler des faits généraux : or, il résulte de tous les documents recueillis, que les Roches cristallophylliennes forment partout le sous-sol, le fondement immédiat, visible en certaines régions, invisible dans d'autres, sur lequel reposent les Roches stratifiées, et que les Roches ignées affectent, par rapport aux deux autres, la situation de masses droites traversantes, ou d'enclaves transversales, et quelquefois aussi de masses recouvrantes.

Ce sont les micaschistes au revers sud de l'Espinouse, roches essentiellement cristallophylliennes, qui supportent les schistes argileux, les calcaires, les grès, les poudingues, roches stratifiées dont est composée la plus grande partie de notre surface départementale. Les granites de la Salvetat forment des coins au milieu des micaschistes, comme les porphyres des environs de Gabian, au milieu des grès et des calcaires de cette région. Les basaltes d'Agde et de l'Escandolgue recouvrent les différentes roches stratifiées déposées préalablement dans ces mêmes régions.

Un exemple très-net de la relation d'une Roche ignée

avec les Roches stratifiées se voit dans une tranchée du chemin de fer de Lodève, non loin du pont de Cartels, où la roche noire appelée basalte a coupé obliquement des strates de grès schisteux rougeâtre ; le contraste des couleurs des deux roches accuse très-énergiquement leur situation respective. Un exemple non moins probant du recouvrement des Roches stratifiées par une Roche ignée se voit à la tranchée dite du Château de Saint-Thibéry, où les basaltes recouvrent très-nettement des lits horizontaux de marnes et de cailloux, dépôts essentiellement sédimentaires.

Les Diagrammes 1 et 2 (Pl. I) montrent ces deux dispositions de roches traversantes et de roches recouvrantes.

V.

La situation respective des trois sortes de Roches révèle la notion d'Ères successives dans l'histoire du globe.

Les Roches ignées, se montrant partout comme ayant pénétré entre les autres roches, doivent nécessairement provenir de plus bas, et révèlent ainsi, au-dessous des Roches cristallophylliennes et des Roches sédimentaires, l'existence de matériaux plus bas placés, dont elles ne sont que les prolongements.

Les Roches cristallophylliennes, par leur double caractère de cristallinité et de structure feuilletée, et quelquefois même stratifiée, trahissent la coexistence de phénomènes thermiques et aqueux, et établissent, par leur position intermédiaire entre les matériaux d'où proviennent les Roches ignées et les roches faites dans les conditions où opèrent de nos jours nos cours d'eau, nos mers et nos lacs, une sorte de transition entre le régime igné et le régime aqueux.

Les Roches stratifiées, recouvrant les deux premières sortes, indiquent l'établissement plus récent de ce dernier régime, sous la dépendance plus immédiate duquel elles se trouvent.

L'ordre respectif de ces trois catégories de roches semblerait donc suffire, à lui seul, pour faire admettre dans l'histoire du globe trois grandes Ères (Voir le mot *Ère* au Vocabulaire) :

Celle de la production des matériaux ignés ; — celle des Roches cristallophylliennes ou ignéo-aqueuses ; — celle des Roches stratifiées ou aqueuses.

La première pourrait s'appeler l'Ère thermique par excellence, ou Ère ignée ;

La deuxième, Ère ignéo-aqueuse, durant laquelle, sous l'influence d'une chaleur persistante et encore peu favorable à la vie, l'eau aurait commencé de jouer son rôle à la surface du globe ;

La troisième, Ère aqueuse, où les conditions de sédimentation actuelle et celles de la vie se seraient établies.

Il est à remarquer que la réalité des deux premières Ères, qui échappent, la première surtout, au domaine du Géologue, ressort pleine d'évidence des travaux des astronomes, des géomètres et des physiciens. En ce sens, on peut dire que les Newton, les Delambre, les Méchain, les Fourier, sont, à proprement parler, les historiens, et les historiens autorisés, des temps qui ont précédé les temps géologiques.

VI.

La situation respective des Roches ignées et des Roches sédimentaires révèle, pour les matériaux constitutifs du globe, un double milieu de production dont l'activité subsiste encore actuellement.

Des matériaux ignés existent donc au-dessous des Roches stratifiées et cristallophylliennes; ils forment cette partie profonde du globe qui nous serait demeurée inconnue sans les émissions successives qui en sont provenues aux diverses époques géologiques, et qui en proviennent encore de nos jours, sous la forme de laves et de substances en vapeurs ou dissoutes dans les eaux thermales.

Ces émissions, en même temps qu'elles témoignent d'une source profonde de substances minérales cachées aux yeux des observateurs, nous démontrent que cette source n'a cessé à aucune époque de fournir des produits, et qu'elle n'est pas encore tarie; chaque jour, en effet, au travers de la portion consolidée du globe, des matériaux s'épanchent à sa surface, ou s'introduisent dans ses vides intérieurs.

Il y a donc eu toujours, au-dessous de la croûte terrestre, un milieu d'activité dont les produits sont venus et viennent encore se surajouter à ceux du milieu extérieur, où s'exercent les agents de la surface et où s'accomplissent les phénomènes de sédimentation.

Ces deux milieux de production ont fourni dans tous les temps et fournissent encore, le premier ou le plus intérieur, des produits ou des roches qu'il m'arrivera d'appeler dans la suite *Roches de fond*; le second, extérieur, des produits ou *Roches de surface,* double dénomination tirée

de la considération du lieu de leur provenance, et synonyme de celles de *Roches ignées* et de *Roches sédimentaires,* appelées ainsi d'après leur mode respectif de formation.

Des observations nombreuses tendent tous les jours à
faire attribuer aux Roches de fond un rôle toujours plus
considérable dans la formation du globe.

VII.

**La présence de Roches sédimentaires au nombre des matériaux consti-
tutifs de nos continents établit :**
  **1° Que des changements considérables se sont opérés à la surface
du globe ;**
  **2° Que le globe terrestre n'est pas un corps absolument rigide et
incapable de mouvement dans ses parties.**

Les Continents sont les portions du globe situées en
dehors des eaux ; or, parmi les matériaux solides dont ils
sont composés, on rencontre des roches qui par leur texture, leur nature et surtout par la circonstance qu'elles
renferment des débris organiques, se montrent comme
n'ayant pu se produire qu'au sein des eaux ; ces roches
occupent même, sur quelques points, de grandes surfaces.
Le département de l'Hérault, à part la région de l'Espinouse au N.-O, et quelques autres points très-circonscrits,
est entièrement formé de cette sorte de roches.

Le fait de matériaux déposés au sein des eaux, aujour-
d'hui émergés, indique donc que des fonds de mers ou
de lacs se sont changés en terres sèches et habitables.
Je dis : des fonds de mers, car les coquilles d'huîtres
qui jonchent le sol d'une grande partie de nos régions
méridionales (Caunelle, Fabrègues, Mèze, Béziers), et les

autres débris d'organismes marins qui se trouvent en si grand nombre dans nos régions du Nord, prouvent avec évidence que ces surfaces, aujourd'hui continentales, ont été autrefois sous la mer. J'ai dit : des fonds de lacs, car des coquilles absolument analogues à celles que nourrissent aujourd'hui exclusivement les eaux douces se trouvent à foison dans les roches des environs d'Assas, de Grabels, de Gignac, de Cessenon, de la Caunette, etc., et témoignent de la nature lacustre du milieu où se sont déposées les roches qui les renferment.

Le fait de Roches sédimentaires continentales établit donc surabondamment que des changements considérables se sont effectués à la surface du globe.

Il nous reste à nous demander à la suite de quels événements, sous l'influence de quelles causes ces changements sont survenus.

La réponse s'impose d'elle-même : si des sols évidemment sous-marins sont maintenant à sec, c'est que la mer s'est retirée, soit par suite d'un abaissement de son fond ou de ses bords[1], soit par l'exhaussement des terres qu'elles recouvrait ; abaissement, exhaussement, deux modes de mouvement qui laissent encore indécise la question de savoir lequel des deux s'est effectivement

---

[1] On pourra se demander comment un abaissement du fond de la mer amènerait sa retraite ; on le comprendra si je complète la pensée de Deluc, qui a émis l'un des premiers cette théorie, en disant que, suivant lui, il se formait à la suite de ces abaissements d'immenses cavités souterraines où une grande partie de la mer s'engloutissait. Quant à un abaissement des bords, il est aisé de comprendre que l'abaissement de parties littorales que la mer submergera en laissera d'autres à sec, comme il en adviendrait pour nos plages à la suite d'un abaissement du sol africain.

produit, mais qui mettent, du premier coup, hors de contestation le caractère essentiellement dynamique de la cause à laquelle il convient d'attribuer les changements que nous venons de constater.

L'explication générale du fait de l'existence de Roches sédimentaires continentales conduit donc à établir cet autre grand fait, que notre globe n'est pas un corps absolument rigide, mais qu'il est susceptible de mouvements dans ses parties.

Cette mobilité de l'écorce du globe est d'ailleurs mise en évidence par le phénomène, si journalier dans certaines régions, des tremblements de terre.

VIII.

La disposition plus ou moins inclinée que présentent les couches des Roches sédimentaires confirme la réalité et démontre la variété des mouvements dont le globe terrestre a été le siége.

Les matériaux transportés par nos cours d'eau au fond des eaux tranquilles, mers ou lacs, s'y déposent horizontalement et ne présentent guère d'inclinaison que sur leurs extrêmes bords. Or, si l'on observe les couches formées de ces sortes de matériaux qui entrent dans la composition de nos Continents, on constate qu'elles sont le plus souvent très-inclinées, quelquefois même verticales.

Les calcaires traversés par le chemin de fer de Lunel à Nimes ont généralement leurs couches inclinées, c'est-à-dire obliques par rapport à la surface horizontale du fond de la tranchée. Chacun de nos quatre arrondissements nous fournirait un grand nombre de cas semblables.

L'inclinaison est souvent plus sensible et va jusqu'à la situation verticale. Dans la région de Montpellier, près de Frontfroide, de Clapiers, de Saint-Vincent, on voit des grès et des conglomérats absolument verticaux; le même fait s'observe aux environs de Ganges, près de Montoulieu, où l'on exploite du lignite. La crête du mont Saint-Loup est formée de calcaires redressés. (Pl. II.)

Ces inclinaisons, ces situations verticales, qui paraissent sous la dépendance directe de mouvements opérés de bas en haut, s'accompagnent le plus souvent de plis plus ou moins accentués dans les couches, formant quelquefois des voussures et des ondulations, d'autres fois de véritables chevrons. Le même Diagramme[1] (Pl. II) montre ces diverses dispositions.

Ces effets secondaires s'expliquent très-bien par l'intervention de pressions latérales, d'actions de refoulements. On les observe en bien des lieux dans l'Hérault: environs de Saint-Guilhem-le-Désert, de Cournonterral, de Teyran; régions de Laurens (Béziers), de Saint-Pons, de Lodève; ils se retrouvent jusque dans les reliefs les plus humbles: le bois de la Valette, à 3 kilomètres de Montpellier, est particulièrement remarquable sous ce rapport. La portion de la route de Quissac, aujourd'hui abandonnée et toute décharnée, qui longe le mur de la propriété, montre avec netteté des couches variant brusquement de degré d'inclinaison, et le plus souvent rompues sous forme d'arcs à rayons très-courts.

Ces différents effets d'actions mécaniques exercées sur

---

[1] Les dénominations inscrites sur ce Diagramme, expliquées plus tard (XVII), peuvent être dès ce moment comprises au moyen du Vocabulaire placé à la fin de cette Notice.

des Roches sédimentaires préalablement horizontales, confirment la réalité de mouvements, établie par la seule existence de Roches sédimentaires continentales, et en démontrent en même temps la variété.

Des faits d'abaissement et d'exhaussement du sol, qui se produisent tous les jours, viennent corroborer ces déductions. On sait que dans certaines parties littorales de la Suède le sol s'élève en certains points et s'abaisse sur d'autres ; le fond de la mer Baltique s'exhausse sensiblement ; des dépôts coquilliers, absolument identiques à ceux de la plage actuelle, se retrouvent au-dessus des eaux et dans une position inclinée, dans certains fiords de la Norwége ; d'autre part, la formation des récifs madréporiques dans l'océan Pacifique ne s'explique d'une manière satisfaisante que par l'abaissement du sol sur lequel elle s'effectue.

Ces manifestations de la mobilité actuelle de l'écorce du globe nous donnent-elles la juste mesure de celle dont nous recueillons les traces dans la disposition de ses matériaux ? La grandeur apparente, mais bien minime quand on la compare au volume du globe, des effets mécaniques que je viens de mentionner dans l'Hérault, où ne se trouvent pourtant ni Alpes ni Pyrénées, accuse-t-elle des actions plus rapides et plus énergiques ? C'est une question qu'il serait difficile de résoudre. La nature a sans doute pour elle le temps, qui peut, à la rigueur, la dispenser de la violence ; mais elle a aussi des procédés que rien ne limite dans leur application. Il serait téméraire, à la distance où nous sommes de l'époque où ils ont été mis en activité, de prétendre en connaître toutes les conditions, en démêler toutes les circonstances ; d'ail-

leurs cette notion de violence, qui se rattache dans notre esprit à certaines de ses opérations en présence de
quelques-uns de leurs effets, n'est le plus souvent qu'une
estimation erronée, faite à la mesure de nos moyens, de
notre durée ou de notre taille.

IX.

**Le fait, mis en évidence par les Astronomes et les Physiciens, que le
globe terrestre a passé par une Ère ignée ou d'incandescence, établit
que le mouvement d'abaissement, ou centripète, a été le mouvement
initial et générateur de tous les autres.**

A la période d'incandescence a succédé la période de
refroidissement; une croûte extérieure a commencé de se
produire; les parties intérieures, un moment garanties par
l'écran qui venait de se former, et dilatées encore par la
chaleur, se sont à leur tour progressivement refroidies, et
en se refroidissant se sont resserrées; diminuant de volume, elles se sont en quelque sorte dérobées sous l'écorce
qui reposait sur elles et les embrassait complétement; celle-
ci, privée de point d'appui, a été forcée de se rompre et de
s'affaisser dans ses parties rompues. Ces chutes ne pouvaient se produire sans froissement aux deux parois de la
fracture; de là, des effets de pression, de refoulement, qui
devaient déterminer des inclinaisons et des redressements
jusqu'à la verticale, et même souvent des retombées en sens
inverse à la suite de vides produits. On le voit donc, le
mouvement initial et générateur a été le mouvement
centripète ; et, bien que les phénomènes secondaires de
dénivellation et d'exhaussement nous frappent davantage
par leurs effets, ils n'en sont pas moins les simples consé-

quences ou contre-coups du premier ; le résultat le plus
direct d'un abaissement ne saurait être, en effet, que la
production d'inégalités diversement accidentées, suivant
les circonstances tout à fait contingentes qui ont pu se
présenter.

On voit, de plus, que le mouvement centripète n'est
lui-même qu'une suite naturelle de ce que j'appellerai les
conditions organiques de notre globe, à savoir : celles
d'un astre qui se refroidit[1].

[1] Je ne veux pas dire par là que le simple refroidissement épuise à
lui seul tous les phénomènes qui peuvent aujourd'hui et qui ont pu autrefois s'accomplir dans l'intérieur du globe. On ne peut douter que des
actions électriques et chimiques ne s'y accomplissent incessamment, dont
le résultat le plus direct doit-être une reproduction incessante, et, par là
même, l'entretien de la chaleur interne, dont le fait du refroidissement,
s'il dominait seul, semblerait devoir amener l'extinction. J'ajouterai que
des effets mécaniques doivent nécessairement accompagner ces actions
chimiques; les décompositions et les combinaisons provoquent, les unes
des augmentations de volume, les autres des diminutions; les eaux de
la surface, pénétrant à de grandes profondeurs, s'y réchauffent et donnent lieu à des dilatations d'où peuvent résulter, en retour, des conden-
sations .. Toutes ces manifestations en sens divers, qui semblent devoir
ajourner indéfiniment pour notre globe la phase ultime de la rigidité,
révèlent tout autant de forces qui interviennent encore aujourd'hui dans
la production de phénomènes de tous ordres, comme elles ont dû intervenir dans tous les temps.

Le fait du refroidissement ne saurait donc être considéré comme la
condition organique unique du globe; toutefois il paraît en constituer
l'une des plus essentielles, comme tenant plus particulièrement sous sa
dépendance le grand fait de dynamique interne dont il est fait mention
pag. 31, ligne 20; d'ailleurs, il ne saurait lui-même être envisagé comme
exclusif de toute action thermique, car la contraction, qu'il a pour premier effet de produire, est par elle-même, en vertu du principe de la
transformation des forces, une source de chaleur. Je crois donc que le
fait du refroidissement continue à mériter, entre tous ceux qu'on a ré-

La pomme symbolique de Newton n'exprime pas moins bien dans sa chute le principe de la dynamique du globe que celui du système des mondes : l'attraction des parties d'un tout vers le centre de ce tout.

IX *bis.*

L'étendue des surfaces géographiques qu'occupent les Roches sédimentaires redressées, la disposition généralement rectiligne qu'elles affectent, confirment le rôle initial du mouvement centripète dans la dynamique du globe.

C'est un fait d'observation que les Roches sédimentaires plus ou moins dérangées de leur position horizontale ne sont pas cantonnées dans des régions limitées , mais qu'elles se prolongent en ligne droite sur des distances quelquefois très-considérables. Un simple regard jeté sur des cartes topographiques bien faites, celles de l'État-Major, par exemple, permet de saisir , dans la plupart des contrées, des reliefs le plus souvent allongés sous forme de dorsales étroites, affectant des directions déterminées.

Les Cartes de l'Hérault nous présentent une infinité de ces lignes en divers sens, que mes couleurs géologiques, coïncidant avec la plupart d'entre elles, sont très-propres à mettre en relief. La région N.-O. de l'arrondissement de Montpellier montre très-bien une juxtaposition de dorsales dirigées vers le N.-E., qui se poursuivent très-distinctement vers le S.-O., dans celui de Lodève; le relief de la Gardiole, de Villeneuve-Maguelone à Cette, répète

cemmeut groupés si heureusement autour de lui. le rôle dominateur que la Géologie française lui a assigné dans l'histoire du globe.

cette direction dans le Sud. La dorsale du Saint-Loup se dirige nettement de l'Est à l'Ouest, comme certains traits de la région médiane. L'arrondissement de Saint-Pons est particulièrement remarquable sous le rapport de la disposition rectiligne des accidents orographiques, qui se distinguent, sur la Carte géologique, par des couleurs respectivement différentes, très-tranchées.

Ce prolongement en ligne droite des saillies du globe, formées de couches redressées, est en parfaite harmonie avec la notion de grandes lignes de fractures produites par le refroidissement. On s'expliquerait difficilement des causes locales et spéciales d'exhaussement s'exprimant par des effets de cette forme et de cette étendue. Les résultats du refroidissement doivent affecter de bien autres surfaces et les configurer bien autrement que ne le ferait, par exemple, l'effort tout localisé de matières volcaniques s'épanchant par une cavité centrale : la généralité de la cause doit être en raison de l'étendue de l'effet. Nous n'avons pas affaire à un édifice dont un boulet a dérangé quelques assises : l'édifice tout entier a *travaillé* jusque dans ses fondements. On a dit, avec raison, qu'il n'y avait peut-être pas un myriamètre carré de la partie connue de l'écorce du globe qui fût dans la place où elle a été formée ou déposée primitivement; la preuve directe s'en trouve dans les différences considérables d'altitude qu'affecte un même dépôt sur des surfaces relativement restreintes. Le département de l'Hérault offre bien des exemples de ces dénivellations, qui seront plus convenablement appréciés quand j'aurai fait connaître, dans une publication ultérieure, l'économie de ses dépôts.

IX *ter.*

La présence de débris organiques dans les Roches sédimentaires conduit à attribuer au mouvement d'abaissement, ou centripète, un rôle fonctionnel de première importance dans la formation progressive du globe.

Un grand nombre des animaux dont les Roches sédimentaires contiennent les débris, présentent les types, les dimensions et le mode de vivre de ceux qui, dans nos mers, appartiennent aux zones les moins profondes ; les huîtres et les polypiers, si communs dans toutes ces roches, et une foule d'autres animaux, n'ont certainement pas demandé autrefois d'autres conditions que celles qu'exigent aujourd'hui leur multiplication et la formation de leurs bancs ou de leurs récifs. Or, l'observation constate que l'épaisseur des sédiments fossilifères représente souvent, sur une même hauteur verticale, plus du triple de l'épaisseur d'eau voulue par les animaux qui se rencontrent dans les couches les plus basses. Il faut en conclure que ces mêmes couches, aujourd'hui placées sous tant d'autres, occupaient, au moment de leur dépôt, précisément le niveau favorable aux organismes dont elles contiennent les débris ; leur situation actuelle ne saurait provenir que d'un mouvement d'abaissement concomitant de la sédimentation.

Il faut en effet reconnaître que c'est grâce à ce mouvement d'abaissement, très-souvent répété, qu'a pu se produire sur la même surface cette accumulation de couches qui représentent autant de fonds de mer successivement habitables et habités.

Il serait difficile d'expliquer autrement la formation de nos couches charbonneuses de Graissessac, enveloppées chacune de dépôts caillouteux cimentés, lesquels aussi bien que le charbon lui-même excluent la notion de profondeurs d'eau proportionnées à l'épaisseur des dépôts marins qui les recouvrent. Le Diagramme I de la Pl. VI fait voir en effet une nombreuse série de dépôts Pr^1, Pr^2, GB, K, L, caractérisés chacun par des matériaux et des débris organiques différents, en recouvrement sur les couches houillères. Les fonds littoraux et les lagunes où s'étaient accumulés les végétaux et les matériaux de transport, ont dû nécessairement s'abaisser et fournir aux eaux un fond convenable au dépôt de nouveaux sédiments et à la vie de nouveaux êtres.

Ce cas particulier, plus frappant que d'autres, dénote un mouvement de haut en bas qui s'est reproduit à tous les instants de l'Ère aqueuse; il est la condition même des phénomènes de sédimentation auxquels le globe doit sa partie stratifiée. L'observation la plus superficielle nous démontre en effet que cette partie de notre globe est partout subdivisible en masses minérales distinctes, plus ou moins épaisses, qui ont chacune exigé, pour son dépôt, des épaisseurs d'eau relativement peu profondes.

Le mouvement d'abaissement, ou centripète, joue donc un véritable rôle fonctionnel dans la formation progressive du globe. Ce mouvement a reçu des Anglais le nom de *subsidence*, qui tend à prendre droit de bourgeoisie dans notre langue.

Le fait suivant d'observation fait connaître un autre genre de mouvement dont l'importance n'est pas moindre.

X.

La superposition sur un même point de dépôts sédimentaires renfermant à différents niveaux des débris d'êtres de conditions biologiques différentes, démontre la réalité d'un autre genre de mouvement, le mouvement oscillatoire.

A moins de 2 kilomètres de Montpellier, sur la route de Ganges, du seuil même de la maison de Fontcouverte, après le pont Saint-Côme, on observe la série suivante de dépôts, de haut en bas : sur la gauche, la butte de la Gaillarde, où est sise l'École d'Agriculture, formée de calcaire coquillier et de marnes remplies de débris organiques marins ; au bas de la butte et de son talus, et sur la route même, des calcaires blanchâtres où se trouvent des coquilles d'eau douce, formant une surface assez large, et le sol même de Fontcouverte ; un peu plus loin, au bord du bois de la Colombière, des couches caillouteuses rougeâtres cimentées, supportant les premières et supportées elles-mêmes par des roches compactes, en couches épaisses, offrant des empreintes d'êtres marins. (Pl. III, Diagramme 1.)

On observe donc ici, sur un même point, des dépôts sédimentaires posés les uns sur les autres et renfermant des êtres de conditions biologiques tout à fait différentes, puisque les uns ont vécu dans des eaux salées et les autres dans des eaux douces.

Ces deux régimes ont alterné sur un même point de l'espace, de telle sorte qu'à un premier fond de mer a succédé un milieu lacustre, et que ce dernier a fait de nouveau place à un fond marin. La première succes-

sion ne saurait s'expliquer qu'à l'aide d'un mouvement
d'exhaussement, lequel a rapproché le fond de la surface
et préparé ainsi des conditions favorables à l'envahisse-
ment des eaux continentales. J'ai déjà cité le cas analogue
actuel de la mer Baltique. Il en sera tout autrement du
second changement survenu dans le même lieu ; si des
roches formées dans les eaux douces supportent des
dépôts renfermant des êtres marins, c'est que la surface,
préalablement émergée, a dû rentrer de nouveau sous le
régime de la mer, et pour cela devenir à nouveau sub-
mersible par elle, c'est-à-dire s'abaisser au-dessous de
son premier niveau.

Ces deux mouvements successifs en sens contraire l'un
de l'autre, affectant la même surface, constituent une
oscillation ; le temple de Sérapis, partout décrit, nous
en fournit un exemple actuel.

Les environs de Montpellier offrent plus d'un endroit
où cette succession de phénomènes s'est produite ; ou
plutôt, les résultats de ces changements ont eu une certaine extension géographique, et on en peut retrouver les
témoins en divers lieux de notre voisinage ; des cas analogues s'observent dans toute la partie médiane de notre
arrondissement. Lodève, Béziers et Saint-Pons en présentent aussi ; Saint-Pargoire, dans l'arrondissement de
Lodève, l'un des arrêts du chemin de fer de Paulhan,
nous montre, dans son voisinage, la même succession
de dépôts : des roches compactes marines supportant des
bancs lacustres, et ceux-ci, à leur tour, recouverts par
les couches pétries de débris marins, qu'on exploite non
loin de là pour pierre à bâtir. Béziers nous offre un cas
du même genre dans la région de Graissessac, où les

dépôts houillers essentiellement lacustres se trouvent compris entre deux formations marines ; Saint-Pons, dans les environs de Félines-d'Hautpoul, où, à l'inverse du cas de Graissessac, c'est une formation marine qui s'observe intercalée entre deux formations lacustres, témoignage d'une succession, sur une même surface, de mouvements itératifs d'émersion, d'abaissement, et à nouveau d'émersion, ce dernier ayant déterminé l'établissement du grand lac où se sont déposés les calcaires, les grès et les lignites de la Caunette. (Pl. III, Diagramme 2.)

Tous ces faits plaident en faveur des mouvements oscillatoires ; et si j'ajoute qu'un grand nombre de faits du même ordre démontrent que durant toute l'Ère aqueuse ce genre de mouvement s'est produit ; si je rappelle qu'il se produit encore à notre époque, qui n'est que la continuation de cette Ère, on conclura naturellement qu'à l'égal du mouvement d'abaissement, ou centripète, l'oscillation a joué un rôle fonctionnel très-important dans la formation progressive du globe.

La même vérité ressortirait avec éclat de la simple considération des matériaux sédimentaires eux-mêmes, que l'on trouve superposés les uns aux autres. Les sédiments vaseux et les dépôts caillouteux révèlent, par leur nature, des milieux de sédimentation de niveaux très-différents. Si on les observe se succédant sur une même série verticale, on sera conduit à invoquer, pour l'établissement successif de ces niveaux, des mouvements en sens contraire : les uns d'abaissement, amenant des conditions favorables à la précipitation des vases et des matériaux fins ; les autres d'exhaussement, favorisant le dépôt des cailloux, et cela sur un même point de l'espace et à des intervalles de temps plus ou moins rapprochés.

Enfin, le même fait éclaterait avec la même évidence, si l'on considérait que l'extension géographique de plusieurs dépôts successifs diffère en étendue et en direction pour chacun d'eux; ces différences ne sauraient provenir que de mouvements intercurrents et en sens opposés, dont les uns ont rendu submersibles, les autres insubmersibles les surfaces voisines ou le fond même sur lequel ces dépôts s'effectuaient.

Je n'insiste pas sur ces deux derniers ordres de considérations; je préfère m'en tenir à la preuve des successions organiques, comme exigeant, pour être appréciée, une pratique moins exercée.

XI.

Le double fait que présentent les Roches sédimentaires d'être stratifiées et d'être fossilifères, établit pour le globe la double possibilité d'une chronologie locale ou régionale, et d'une chronologie universelle.

Être stratifiée, pour une roche, c'est, nous l'avons vu, présenter des assises distinctes, parallèles les unes aux autres; ces assises ne sont pas le résultat d'une séparation après coup, d'un départ effectué entre des matières de différente densité, qui, précipitées en même temps au fond d'un récipient, se sépareraient à la longue, réalisant ainsi une sorte de liquation; à l'encontre des matériaux ignés qui les supportent, les Roches sédimentaires ne se sont pas conformées, dans leur arrangement, à l'ordre de la pesanteur spécifique, elles sont le produit de la succession des temps et des circonstances. Quand on observe de près les strates qu'elles forment, on les trouve souvent revêtues chacune de caractères différentiels tels, qu'on ne peut les attribuer qu'à des dépôts faits successivement, quelquefois après de longs intervalles, si bien qu'on les voit moulés les uns sur les autres ; ce qui indique un com- mencement de solidité pour l'un, alors que l'autre était encore à l'état mou.

Ce fait de succession de dépôts établit par lui-même la possibilité de déduire de leur position respective une relation dans les temps de leur formation. Les plus bas placés, ceux qui sont recouverts, seront logiquement déclarés d'une date antérieure à ceux qui les recouvrent. Si donc, dans cette série de sédiments superposés, on ob- serve quelque part des différences comme celles que j'ai mises en relief dans le chapitre précédent : un ensemble de bancs marins recouverts d'un ensemble de bancs lacustres, on pourra affirmer que, dans ce point géogra- phique, la mer a occupé durant un certain temps la sur- face, et qu'à un autre moment, mais plus récent, un milieu tout différent s'y est établi ; ce sera de l'histoire, mais de l'histoire simplement régionale ou locale.

On comprend en effet, même *à priori,* que la nature des documents à l'aide desquels nous venons d'établir cette succession d'événements locaux ne se prête pas à une histoire du globe tout entier. Les matériaux déposés dans les eaux ont pu varier de nature avec le temps dans une même localité ; en un même lieu, calcaires, argiles, poudingues, ont pu se succéder dans un ordre indifférent et alterner à plusieurs reprises, ou bien l'un d'eux se dé- poser durant des temps très-longs, à l'exclusion de tout autre ; quelques-uns correspondent d'ordinaire à des temps de tranquillité, d'autres à des temps de trouble ; tous se trouvent ainsi sous la dépendance des phénomènes météorologiques. Or, le double caractère essentiellement variable et local de ces phénomènes se réfléchira nécessairement dans les effets qu'ils déterminent.

Il y a plus : des mouvements du sol pourront favoriser, interrompre ou seulement modifier dans un même lieu en divers temps, et dans des lieux différents au même moment, le phénomène de la sédimentation.

Les matériaux sédimentaires varieront donc tout ensemble dans l'espace et dans le temps, au gré des accidents de toutes sortes qui peuvent survenir dans l'atmosphère, dans les eaux ou dans le sol, durant leur dépôt ; ils ne sauraient par conséquent servir de base à une chronologie universelle.

Cette base, s'il en est une, où la trouver ? On l'a cherchée dans les manifestations de la mobilité de l'écorce du globe, dans les effets des mouvements dont cette écorce porte les traces si nombreuses ; mais les phénomènes contemporains du même ordre, les tremblements de terre, nous prouvent, par la circonscription de leurs effets sur des surfaces relativement restreintes, par leur récurrence fréquente dans certains lieux et leur rareté relative dans d'autres, que les faits de l'ordre dynamique manquent, eux aussi, de ce caractère d'universalité qui seul peut nous fournir la base que nous cherchons. En outre, on ne saurait guère attendre des effets dynamiques résultant du refroidissement d'une masse aussi hétérogène que le globe terrestre, une symétrie et une régularité compatibles seulement avec des conditions de parfaite homogénéité.

Ce que les Roches sédimentaires nous ont refusé, en tant que Roches stratifiées et redressées, elles nous le donnent en leur qualité de Roches fossilifères. C'est dans l'étude des débris organiques que nous trouverons la base d'une chronologie universelle.

La vie, étrangère au globe durant l'Ère ignée, a commencé à s'établir à sa surface avec les premiers dépôts sédimentaires vers la fin de l'Ère ignéo-aqueuse, et n'a cessé de se développer depuis, pendant l'Ère aqueuse, qui dure encore.

Elle a subi, dans ce développement, un certain nombre de modifications parfaitement appréciables, qui présentent ce fait remarquable qu'elles se sont accomplies partout, sur la surface du globe, dans le même ordre et d'une manière indépendante, dans leur généralité, de la nature essentiellement variable et locale des dépôts qui s'effectuaient concurremment.

Partout, à toutes les latitudes, sur toute la surface du globe, on constate que la famille de crustacés connue sous le nom de *Trilobites*, disparue de nos jours, mais rappelant nos limules, a vécu avant les familles de mollusques, également disparues de nos jours, des *Bélemnites* et des *Ammonites*, dont nous retrouvons les analogues chez les calmars et les nautiles. Les Bélemnites et les Ammonites ont partout, à toutes les latitudes, précédé le développement des animaux vertébrés supérieurs, les *Mammifères*.

Ce même fait de succession générale et universelle s'observe pour des divisions et des subdivisions de plus en plus réduites du règne animal.

Le règne végétal présente, lui aussi, sur tout le globe, cette même succession de modifications générales et universelles à travers les temps géologiques. Les formes des premiers temps diffèrent de celles des plus récents.

Le département de l'Hérault se prête merveilleusement à la constatation de ces rénovations successives du monde organique.

Si l'on se dirige des environs de Bédarieux et de Lamalou-les-Bains vers la mer, on rencontre, adossées sur les granites et sur les Roches cristallophylliennes de l'Espinouse, produits des Ères ignée et ignéo-aqueuse, des masses sédimentaires portant des empreintes de trilobites (région de Cabrières, près de Clermont-l'Hérault); ces masses supportent d'autres masses également sédimentaires, contenant des bélemnites et des ammonites (environs de Gabian), plus développeés en d'autres localités (toute la partie Nord des arrondissements de Lodève et de Montpellier); à ces masses en succèdent d'autres où l'on rencontre des débris de mammifères (environs de Pézenas et de Montpellier).

Chacun de ces ensembles organiques, par son caractère d'ubiquité, frappe d'un cachet spécial, partout reconnaissable, les dépôts sédimentaires successivement formés, en dépit de leurs caractères locaux et de leur distance géographique. Cette constance organique, dans le temps et dans l'espace, en imprimant un véritable millésime à chacune des divisions de la partie stratifiée du globe, crée la notion supérieure d'époques géologiques.

Si donc la superposition des dépôts forme pour chaque région la base d'une chronologie locale, les changements dans le règne organique établissent la chronologie générale et universelle du globe.

XII.

La Géologie, en possession d'une double base de chronologie, se rattache par son but aux sciences historiques; elle n'appartient à l'ordre des sciences naturelles que par la nature de ses procédés, qu'elle emprunte aux sciences d'observation.

L'histoire proprement dite repose sur les notions de succession, de commencement, de développement et de fin. La Géologie n'a pas d'autres fondements; c'est à une succession de faits qu'elle a affaire. Comme l'historien, le Géologue remonte les temps, saisit une succession d'états différents, en contemple l'évolution, en cherche les lois, assiste à leur commencement, à leur développement et à leur fin. Les phénomènes de tous ordres, physiques, chimiques et organiques, de la nature actuelle, se déroulent devant lui dans les phases et comme dans les étapes successives de leur activité. L'ensemble des choses qui existent aujourd'hui a son passé, et par conséquent son histoire. La Géologie a pour mission de relier le passé au présent, qui y a ses racines; elle est l'histoire de la nature même : à ce compte, elle a tout droit de bourgeoisie parmi les sciences historiques.

Mais, pour remplir sa mission, le Géologue a besoin de documents; ces documents se recueillent dans le champ des sciences d'observation; le sol, les masses qui le composent, l'ordre dans lequel ces masses sont disposées, les débris organiques qui s'y trouvent, tels sont ses monuments, ses médailles. Les roches seront les documents qu'il empruntera au monde inorganique pour écrire l'histoire du globe : les fossiles végétaux ou animaux,

ceux que lui fournira, dans le même but, le monde organique ; la nature entière sera fouillée par lui, comme
les vieilles chartes le sont par l'historien ; à l'exemple de
ce dernier, il créera, s'il le faut, des ordres nouveaux
de connaissances, et, de même que la Paléographie et la
Sigillographie sont des sciences créées à l'usage de l'histoire, ainsi le Géologue étendra, pour ses propres besoins,
les horizons des diverses sciences, et, en leur donnant de
nouvelles applications, il créera des sciences vraiment
nouvelles. La chimie et la minéralogie s'ouvriront à
l'étude des roches, et la *Lithologie* naîtra. L'arrangement
des roches, leurs rapports de position respective, deviendront les objets de la *Stratigraphie* ; enfin, la bota-
nique et la zoologie, prolongées dans le passé par la
Paléontologie, ne feront pas que puiser des richesses nouvelles dans ces mondes d'autrefois, aujourd'hui exhumés ;
grâce aux relations établies par la *Paléontologie stratigraphique* entre les débris organiques et la situation des
roches qui les renferment, elles deviendront habiles à fixer
l'état civil de chacun des êtres qui forment leur empire.

C'est à l'aide de tous ces documents, empruntés ou
créés de toutes pièces, que le Géologue remplira son
mandat. Sortant alors du champ de l'observation comme
l'historien de sa bibliothèque ou de son cabinet de
médailles, il coordonnera ses matériaux et les mettra en
œuvre : ce ne sera plus un naturaliste, mais un historien;
que s'il s'attarde encore aux descriptions locales, à l'étude
des régions restreintes, c'est dans le but de poser des
pierres d'attente pour le grand édifice qu'il doit élever.
L'histoire des nations particulières n'est, après tout,
qu'un chapitre de l'histoire de l'humanité; il n'en est

pas autrement des recherches locales par rapport à la connaissance du globe tout entier.

La mission du Géologue est donc une mission toute historique. La nature de ses archives, seule, relève des sciences naturelles. Il est appelé à écrire le livre qui reçut de Buffon, il y a un siècle (1770), son titre : *Époques de la nature*, et sa première ébauche.

XIII.

La chronologie établie pour les produits de l'Ère aqueuse n'est pas de même ordre que celle dont les produits de l'Ère ignée sont susceptibles.

Un seul rapport de position suffit, je l'ai dit (XI), pour établir l'âge relatif des dépôts sédimentaires : le rapport de superposition. Des sédiments recouvrant d'autres sédiments leur sont nécessairement postérieurs ; en outre, les opérations qui ont présidé à la formation de ces dépôts se sont produites les mêmes, ou différentes à l'occasion de chacun d'eux, suivant leur nature particulière ; aucun lien ne les unit entre eux ; ils ne s'appellent ni ne s'excluent, et dépendent uniquement, dans leur composition, dans leur arrangement et dans leur nombre, du hasard des circonstances de lieux, des phénomènes météorologiques ou des mouvements du sol. (Voir pag. 38.)

Il en est tout autrement des produits de l'Ère ignée ou de ces matériaux profonds dont nous avons reconnu l'existence par les émissions qui en sont provenues (VI). Ils datent tous des temps antérieurs à la consolidation du globe, et sont tous comme du même jour ; à ce titre. ils pourraient tous s'appeler *primitifs* ou *primordiaux*,

malgré la diversité de leur nature [1] ; unis les uns aux autres
par la circonstance d'avoir été tous ensemble, au même
jour, dans un état de fluidité ignée, une même loi a présidé à leur arrangement, celle de la densité ; un même
phénomène a réglé leur activité, celui du refroidissement.
Séparés les uns des autres en vertu de leur pesanteur
spécifique, subissant successivement une diminution notable de température, il serait difficile de se les figurer
autrement disposés qu'en zones concentriques superposées, dont chacune, avant de se consolider, a dû, à la
suite de fractures du sol de plus en plus profondes, fournir en son temps des émissions à la surface.

Il en résulte qu'il existe, en réalité, deux temps différents pour les Roches ignées : celui de leur formation, qui
peut être jusqu'à un certain point considéré comme le
même pour toutes, et celui de leur apparition à la surface,
qui varie pour chacune, d'après sa densité et d'après
la profondeur qui en résulte pour la zone intérieure d'où

---

[1] Il convient, pour donner son vrai sens à cet énoncé, de rappeler ce
que l'on doit entendre par le mot *igné* (Voir pag. 13, Note) et aussi de pénétrer plus avant, si possible, dans la succession des phénomènes qui ont dû
s'accomplir dans ces premiers temps. J'ai essayé de le faire à propos du
mot *Ère* (Voir ce mot dans le Vocabulaire) ; on est alors conduit à reconnaître qu'il ne saurait y avoir rigoureusement de *primordial* et de *primitif* que la matière incandescente des premiers jours ; cette matière,
sans détermination précise dans sa constitution, ne saurait correspondre
à aucune de nos Roches. A défaut de nom convenable, on pourrait, avec
Fournet (de Lyon), lui appliquer cette périphrase du poète : « *Non bene
junctarum semina discordia rerum* ». Nos Roches ignées ou matériaux
de fond ne seraient donc que les produits d'arrangements moléculaires
ultérieurement effectués avec le contact de l'eau en vapeur, conformément aux affinités chimiques et à la densité, dans la partie périphérique de
cette matière innommable du tout commencement. (Voir le mot *Ère* au
Vocabulaire.)

elle dérive. L'âge d'une Roche sédimentaire fixe le moment où elle s'est produite. L'âge d'une Roche ignée n'est, à proprement parler, que l'âge d'activité de la zone préétablie d'où elle sort [1]. Leur chronologie respective n'est donc pas de même ordre.

Il résulte des conditions particulières aux Roches ignées, que celles d'entre elles qui sont les plus denses, et qui en conséquence proviennent des zones les plus profondes, ont dû n'apparaître à la surface qu'après toutes les autres et pénétrer ou recouvrir les dépôts

---

[1] Quand je parle de l'activité de chacune des zones, je veux dire seulement le surgissement à l'extérieur des matériaux qui la forment, l'entrée de ces matériaux en contribution à la constitution de la croûte terrestre, leur passage partiel de l'état de matériaux profonds à celui de matériaux de surface..., et je ne prétends pas affirmer qu'ils doivent leur nouvelle situation à une activité propre ; loin de là : des observations nouvelles viennent tous les jours montrer plus clairement qu'une cause étrangère, simple ou complexe, est venue la déterminer. et qu'ainsi leur rôle est presque absolument passif. Je dois donc restreindre le sens trop général de l'expression que j'ai employée, et me soustraire au reproche d'attribuer à la partie ce qui ne convient qu'au tout. Ces déplacements de matière sont sous la dépendance passive des forces multiples électriques, chimiques, mécaniques, qui s'exercent à chaque instant dans l'intérieur du globe et qui contribuent à entretenir cette activité de notre planète dont j'ai amassé tant de preuves dans le cours de ma Notice.

Quant au mécanisme de ces déplacements, il n'entre pas dans le but général que je poursuis d'essayer d'en préciser les circonstances. Entre toutes celles qu'on a invoquées : pénétration des eaux de la surface et leur vaporisation (Davy, de Boucheporn, Fouqué); transformation des roches intérieures (Bischoff), mouvement d'une matière pyrosphérique (Vézian); actions mécaniques (Poulett Scrope), calorifiques (l'abbé Stoppani)..... celles-là seront les vraies qui répondront tout ensemble aux conditions de généralité, d'intermittence, et aussi et surtout, à la condition de succession d'émissions de nature différente, qui me paraît caractériser plus particulièrement cet ordre spécial de phénomènes.

sédimentaires les plus récents. C'est ce que l'observation confirme.

Les Roches granitiques et porphyriques, les moins denses entre toutes, et, en conséquence, les plus superficielles, atteignent dans leurs émissions et ne dépassent pas les dépôts les plus anciens, ceux qui, datant des premiers temps de l'Ère aqueuse, supportent tous les sédiments déposés dans les époques ultérieures. Les Roches vertes, plus pesantes que les granites, mais plus légères que les trachytes et les basaltes, ont eu leur plus grande activité durant les temps qui ont suivi ; les trachytes et les basaltes, d'une densité supérieure[1], sont venus au jour les derniers. De nos jours, enfin, nos roches volcaniques actuelles témoignent de la fluidité persistante d'une source plus profonde que toutes celles qui ont antérieurement épanché leurs produits.

Des exemples de ces émissions successives de matériaux divers se présentent dans l'Hérault : les granites de la Salvetat se sont montrés au jour avant les dépôts qu'ont traversés les porphyres de la région de Gabian ; les basaltes d'Agde et de Saint-Thibéry recouvrent des formations sédimentaires d'une époque très récente. (Voir, pour ces derniers, Pl. I, Diagramme 2.)

Une dernière conséquence des conditions particulières aux matériaux ignés, sera que, relevant, dans leur formation première et dans leur apparition à la surface, de ce

---

[1] Ces relations de densité sont exactes lorsque l'on compare ces roches à l'état liquide (leur état naturel dans les profondeurs du globe); on trouve alors, dit M. Angelot (d'Archiac ; *Hist. de la Géol.*, tom. I, pag. 37, 1847), pour la densité du granite 1,99, pour le trachyte 2,17 et pour le basalte 2,69.

que j'ai appelé (pag. 29) les conditions organiques du globe, à savoir : l'incandescence générale des premiers jours, et le refroidissement non moins général qui a suivi, ils participeront à cette même généralité, dans leur mode de disposition à l'intérieur du globe et dans le moment de leur apparition au dehors ; leurs zones respectives seront à l'intérieur périphériques ou enveloppantes, et entreront, chacune en son temps, à la fois sur le globe entier, dans sa période d'activité (Voir pag. 46, Note). Granites, Roches vertes, Trachytes et Basaltes offrent en effet, sur tout le globe, à peu près les mêmes caractères et les mêmes relations générales de pénétration et de recouvrement.

Les Roches ignées sont donc elles-mêmes susceptibles, jusqu'à un certain point, de fournir un élément de chronologie universelle à l'histoire du globe.

XIV.

Les notions réunies dans les chapitres précédents sur les produits de l'Ère ignée conduisent à nous faire de la constitution intérieure du globe l'idée suivante :

La portion du globe accessible directement ou indirectement à nos observations, portion bien minime relativement au volume de notre planète, serait formée de six zones concentriques, dont la plus extérieure, composée de Roches sédimentaires, et la plus profonde, foyer des matériaux volcaniques actuels, constitueraient les deux milieux de production dont j'ai parlé (VI). Au-delà, s'étendrait le domaine de l'inconnu !

La zone immédiatement inférieure à la plus superficielle serait formée par les Roches cristallophylliennes, résultats complexes des opérations de l'Ère ignéo-aqueuse, produits mixtes du régime thermique qui allait finir, et du régime aqueux qui commençait.

Au-dessous, et dans l'ordre de leur densité respective, se trouverait une zone granitique et porphyrique recouvrant une zone formée du groupe des Roches vertes, que supporterait à son tour la zone des trachytes et des basaltes, ceux-ci nageant, en quelque sorte, sur les matériaux dont la fluidité actuelle s'accuse si énergiquement par la chaleur des laves de nos volcans.

La position de ces zones respectives et leurs relations trouveraient leur expression dans le Diagramme de la Pl. IV ; il montre comment, superposées les unes aux autres, les quatre zones inférieures se pénètrent mutuellement dans leurs émissions respectives, et fait prévoir que l'ordre de superposition des zones en profondeur se trouvera naturellement l'inverse de celui de leurs produits à l'extérieur.

La zone granitique s'étant consolidée la première, ses produits doivent nécessairement supporter ceux de la zone des Roches vertes, qui n'est entrée qu'ultérieurement en activité ; la zone trachytique et basaltique, jumelle des deux précédentes par le temps de sa formation, mais plus jeune de manifestation, a dû pénétrer ou recouvrir leurs épanchements des siens propres, et servir à son tour de passage et de support à ceux de la zone actuellement fluide où s'alimentent nos volcans.

Ces rapports, absolument conformes aux résultats de l'observation, se trouvent exprimés dans le Diagramme de la Pl. V, qui montre, dans l'épaisseur et à la surface de la zone sédimentaire, les émissions des différentes zones superposées dans l'ordre précisément contraire à celui où sont disposées les zones elles-mêmes.

Nous recueillons dans la nature des exemples directs de ces superpositions : le plateau central nous offre celle des basaltes sur les trachytes et de ceux-ci sur les granites. Il serait difficile, en voyant ainsi les granites recouverts par des roches qui présentent autant d'analogie avec nos roches volcaniques modernes, de chercher ailleurs que dans les régions infra-granitiques le foyer de ces mêmes roches ; ce cas de superposition place donc, tout au moins, les phénomènes volcaniques si remarquables de la France centrale en dehors de l'action de combinaisons chimiques purement fortuites, capricieusement accomplies au sein des Roches sédimentaires; d'ailleurs, si hypothétique que puisse paraître le mode de représentation de l'état de l'intérieur du globe que je viens d'exposer, il satisfait si bien aux faits observés des relations des Roches ignées entre elles et de leurs rapports avec les Roches sédimentaires, qu'à l'exemple du plus grand nombre de mes savants confrères, je crois devoir m'y tenir. Jusqu'au jour où une certaine somme d'observations nouvelles aura conduit, non plus à de simples inductions, mais à une conception nécessaire, à une vraie synthèse embrassant tous les faits établis, il sera vrai de dire que les choses se sont passées sur le globe *comme si* l'idée que nous venons de nous faire de sa constitution intérieure était exacte[1].

[1] Cette manière de se représenter l'intérieur du globe se trouve expressément formulée dans la très-savante *Histoire des progrès de la Géologie*, de feu d'Archiac (tom. I, pag. 36, 1847) (Bibliothèque de la Faculté).

Le *Prodrome de Géologie*, de M. Vezian (tom. II, pag. 15 (Bibliothèque de la Faculté), exprime la même notion de zones superposées et de succession, à travers les temps, d'éruptions de roches de nature différente.

XV.

La configuration extérieure du globe, qui fait l'objet plus spécial de la géographie, résulte des phénomènes d'activité intérieure et extérieure dont il n'a jamais cessé d'être le théâtre et le siége.

Les traits principaux de cette configuration sont :

Les *inégalités de sa surface*. — Les géographes distinguent, à la surface du globe, des montagnes, des collines, des plaines, des vallées ; ces diverses désignations corres-

Je citerai encore, comme très-explicite à cet égard, M. Stanislas Meunier, dans son *Cours élémentaire de Géologie* (Lithologie comparée, 1872) (Bibliothèque de la Faculté). Ce savant lithologiste y rappelle un mode identique de représentation de la disposition des roches dans l'intérieur du globe, que M. Boisse, auteur de la Carte géologique de l'Aveyron, aurait antérieurement proposé.

Voyez aussi les *Éléments de Géologie et de Paléontologie* que vient de publier M. le professeur Contejean (1874), pag. 99.

M. le professeur Daubrée, dans ses beaux travaux sur l'origine des substances des terrains stratifiés (*Bull. Soc. géol. de Fr.*, 2me sér., 1871, tom. XXVIII, pag. 305 et suiv.), parle du *règne* de certaines substances (pag. 355), de masses de fer qui paraissent constituer les régions profondes du globe terrestre (pag. 342), de masses silicatées d'une nature différente et en même temps plus denses, sous l'enveloppe granitique (pag 341). Enfin, la même conception vient d'être, paraît-il, formulée par M. Witney : je lis dans le tom. XI de la *Revue de Géologie*, de MM. Delesse et Lapparent (Bibliothèque de la Faculté), que je reçois après l'impression de mes huit premières feuilles et des Diagrammes y afférents :
« M. Witney admet que les matières fondues se superposent sous l'écorce par ordre de densité, et qu'ainsi les Roches éruptives sont d'autant plus lourdes qu'on se rapproche davantage de l'époque actuelle.»

Mon Diagramme (Pl. V) rappelle jusqu'à un certain point celui de Lyell dans ses *Éléments de Géologie* (6me édition), tom. II, *fig.* 749 (Bibliothèque de la Faculté). J'ai eu soin de m'y tenir en deçà des limites d'une induction logique et de respecter, au-delà d'une certaine profondeur, le domaine de l'inconnu.

pondent à autant d'effets de cette double dynamique, si persistante dans son activité, qui anime l'intérieur et l'extérieur de notre planète.

A l'intérieur, le travail de refroidissement, qui produit, par les contractions qu'il provoque, des chutes, des refoulements et détermine des lignes de fracture qui se trahissent par des dénivellations et des redressements. J'en ai cité plusieurs cas dans notre horizon ; les plus hautes sommités du globe, ses rides les plus saillantes, n'ont pas d'autre origine ; du reste, leur mesure exacte, rapportée aux dimensions du globe, les réduit à l'importance d'une des moindres aspérités de la coque d'un œuf.

A l'extérieur, le travail incessant des eaux et de l'atmosphère, qui, désagrégeant et entraînant les matériaux même les plus résistants, finissent par creuser, au milieu de masses préalablement cohérentes, des sillons plus ou moins larges, plus ou moins profonds, d'où résulte un nouvel ordre d'inégalités auquel la dynamique intérieure est restée étrangère ; la correspondance des parties saillantes et rentrantes sur les deux bords de ces sillons est le signe caractéristique de cet ouvrage des eaux.

Des exemples s'en montrent très-nombreux dans la partie méridionale de l'Hérault (environs de Montpellier, plaines de Fabrègues, de Florensac, de Béziers); la configuration du mamelonné y dénote partout des actions d'érosion qui ont découpé en buttes généralement arrondies les portions qui ont résisté, et les ont façonnées de telle sorte qu'elles reproduisent par leur disposition les méandres d'un large cours d'eau aujourd'hui à sec, ou tout au moins considérablement réduit dans ses proportions; d'autres fois, ce sont des terrasses, formées uniquement de matériaux transportés, qui témoignent, par leur altitude et leur étendue, de la hauteur et des dimensions primitives du fleuve qui baigne aujourd'hui leur pied. L'Hérault, entre Campagnan et Paulhan ; l'Orb, sur sa rive gauche, au village des Aires, près des bains de Lamalou, nous présentent un raccourci de ces phénomènes, si développés ailleurs. Ce sont des cailloux plus ou moins cimentés, qui proviennent des bords des bassins drainés par ces rivières, et qui forment des berges élevées au-dessus du niveau qu'atteignent aujourd'hui les grosses eaux.

Toutefois les agents extérieurs sont généralement plus aptes à accentuer des inégalités déjà existantes qu'à en produire de nouvelles; sans doute, des matériaux susceptibles d'être délayés par les eaux sont entraînés par elles, et il peut résulter de cette disparition de matière la formation de vallées même spacieuses ; mais le plus souvent ce sont des inégalités résultant des mouvements du sol, qui ont tracé d'avance la direction des cours d'eau et ont dessiné le champ de leur action. La plupart des rivières du département, celles de Lamalou près de Saint-Martin-de-Londres, de la Cesse sous Minerve, ne doivent pas à d'autres causes qu'à des actions mécaniques leurs sinuosités et les beautés pittoresques qu'elles présentent. Nos modestes fleuves, l'Orb, l'Hérault, sont déterminés, dans la direction brisée de quelques portions de leur cours, par des accidents de fracture dont les traces sont irrécusables. D'ailleurs, l'identité d'orientation qui relie généralement les traits hydrographiques d'une contrée à ses traits orographiques, établit avec évidence la corrélation étroite des deux ordres de phénomènes. Dans notre département, nous voyons la plupart des vallées s'aligner suivant des dorsales plus ou moins saillantes ; parmi ces dernières, prédomine le relief de la Sérane, dirigé N.-E., S.-O., qui a déterminé la direction de l'Hérault et celle de quelques autres cours d'eau dans la région de Ganges et de Saint-Guilhem, et a comme imprimé sa forme au département. Les eaux du Jaur et de l'Orb, formant, par leur direction opposée, la vallée de Bédarieux à Saint-Pons, n'auraient pas eu d'écoulement si une fracture pratiquée au travers des roches résistantes, sous Térassac, Vieussan et Roquebrun, ne leur eût frayé un étroit passage vers la région de Béziers. La même corrélation éclate dans les moindres détails ; l'analogie frappante que présentent, dans leur direction, la partie de l'Orb comprise entre sa source et Lunas, le cours entier de la Lergue, la partie supérieure du cours de la Mosson, certaines inflexions du Lez, et le cours de l'un de ses affluents, le Lirou, relèvent bien plutôt d'un même système de fracture produit en divers endroits parallèlement à lui-même que des simples hasards de l'érosion.

Les inégalités de la surface du globe sont donc, avant tout, attribuables à des phénomènes de dynamique interne ; il n'en sera pas de même du second trait de cette configuration, à savoir : les formes de son relief.

Formes du relief terrestre. — Il est depuis longtemps établi que les inégalités du globe, cet élément fondamental de son relief, cet ensemble de parties convexes et de parties concaves qui accidentent sa surface, présentent bien des variétés de disposition, d'ordonnance mutuelle, de formes diverses qui impriment à chacune une physionomie particulière ; chaque vallée possède pour ainsi dire son allure ; chaque montagne, chaque groupe ou chaîne de montagnes, sa figure et sa conformation spéciales. Les Alpes ont d'autres sommets et d'autres croupes que les Pyrénées ; les ballons des Vosges ne rappellent en rien les plateaux des Ardennes ; ces derniers diffèrent entièrement des ondulations du Jura. Bien plus, un même groupe montagneux n'est pas taillé sur le même patron dans toutes ses parties : notre plateau central a ses monts Dore et ses montagnes du Limousin ; nos Cévennes du Vigan et de l'Aigoual n'ont rien de celles de notre région de Ganges.

Quelle est la cause de cette diversité ? Nous entrons ici dans le champ qui semble avoir été plus particulièrement dévolu à l'activité dynamique extérieure ; ici se déploient librement et comme exclusivement les agents de la surface qui sous la forme d'atmosphère et d'eau, et celle-ci, indifféremment, dans ses trois états : de vapeur, d'eau et de glace, ne cessent de modifier la surface du globe et de la façonner. Cette matière qu'ils travaillent, c'est l'agent dynamique interne qui la leur a livrée ; mais une fois livrée ils s'en emparent, et, à l'instar de l'artiste, ils la fouillent, la sculptent et lui donnent des formes qui sont la résultante naturelle de l'intensité du travail qui lui est appliqué et de la résistance qu'elle y oppose. Les montagnes sont autrement configurées dans les pays soumis aux brouillards ou aux pluies que dans ceux que le soleil brûle, et la ténacité de la plupart des Roches vertes et de certains granites ou de certains gneiss s'accompagne d'un caractère de sauvagerie et de grandeur qui demeure étranger aux régions formées de granites et de gneiss plus tendres, ou de grès et d'argile.

La croupe arrondie du massif gneissique de l'Espinouse
contraste avec les aiguilles déchiquetées des micaschistes
du vallon d'Héric ; nos plateaux massifs et nos garrigues,
où le calcaire domine, ne ressemblent en rien à nos coteaux plus découpés, où la même roche n'est plus seule,
mais où elle s'associe à d'autres Roches sédimentaires.

L'intervention d'un seul élément suffit souvent pour
changer tout ensemble les conditions et les résultats : nos
dolomies de Mourèze et du Caylar, dans lesquelles le carbonate de chaux se combine avec celui de magnésie, présentent des formes autrement pittoresques que le calcaire
sans magnésie de nos garrigues et de nos plateaux.

Toutefois l'activité dynamique intérieure ne demeure
pas sans influence sur les formes du relief terrestre ; il
résulte de son intervention une nouvelle catégorie d'effets
que j'appellerais volontiers « effets de déformation » ; les
mouvements du sol n'ont pu, en se produisant, que
placer les parties affectées dans des situations moins favorables à l'équilibre : ébranlements profonds, ruptures,
isolements de portions surexhaussées, toutes ces circonstances n'ont pu qu'aider au travail des eaux et faciliter
la production de ces érosions et de ces entraînements de
matière dans d'énormes proportions, qui ont justifié
l'appellation géologique de *Dénudations*. De là, des égali-
tés de niveau où il devrait y avoir des différences notables d'altitude ; de là, tout au moins, des réductions importantes des hauteurs préétablies.

Les environs immédiats de Montpellier nous offrent
des traces irrécusables de ces déformations ; des dépôts
y existent en grand nombre, juxtaposés et de niveau,
qui par leur différence de nature, par les dérangements

qu'ils ont subis, devraient présenter des différences d'altitude sensibles et des hauteurs absolues considérables.

Les formations si variées qui se rencontrent sur l'étendue si exiguë de quatre kilomètres, entre les villages de Castelnau et de Clapiers, à l'est de Montpellier, sont un exemple de ces modifications profondes dans la disposition des roches et dans leur relief primitif ; leurs plissements et leurs inclinaisons diverses, dont quelques-unes atteignent la verticale, attestent des actions de refoulement, et leur égalité actuelle de niveau, des entraînements de matière qui dénotent un état de choses antérieur, bien différent de celui qui s'y observe aujourd'hui.

L'uniformité et l'humilité du relief de nos environs ne sauraient s'expliquer que par des effets de dénudations énergiques, facilitées précisément par ces mêmes actions mécaniques dont nous trouvons les traces à chaque pas.

Le nivellement d'un grand nombre d'autres dépôts, dans différentes parties du département, accuse le même ordre de phénomènes.

Le relief terrestre est donc, dans son façonnement et dans ses déformations, le résultat direct de la double dynamique intérieure et extérieure du globe, mais plus particulièrement de la dernière.

Au contraire, nous retrouvons une intervention prédominante de la dynamique intérieure dans un autre trait de sa figure : je veux dire le mode de répartition de sa surface en parties aqueuses et en parties continentales, ou, en d'autres termes, dans la *Distribution actuelle des terres et des mers.*

Cette distribution ne date que d'hier et pourra être toute autre demain ; elle dépend d'un simple mouvement de l'écorce terrestre ; elle a constamment varié dans le passé, et, s'il est facile de retrouver les preuves de ces variations, il est souvent malaisé de reconnaître les anciens contours. Soumis à la fois à l'action de phénomènes mécaniques qui ont produit des dérangements et des ruptures, et à celle des eaux de la surface qui ont raviné et à la longue entraîné les masses disjointes et disloquées, un même dépôt sédimentaire a perdu le plus souvent sa position et son étendue primitives; en outre, sa situation au-dessous d'autres dépôts le dérobe parfois presque tout entier à l'observation et ne nous permet plus de songer à retrouver avec quelque précision l'aire de l'ancienne mer desséchée qu'il représente.

Le département de l'Hérault, si riche en monuments de presque toutes les époques géologiques, nous montre partout ces monuments dans un état de mutilation qui ne laisse plus reconnaître ni même concevoir les dessins primitifs; la coexistence, sur une étendue de quelques kilomètres au nord de Montpellier, de dépôts d'âges très-divers, d'orientations très-différentes et aussi de modes et de milieux de formation très-variés (Voir Carte détaillée), suffit à prouver combien de mouvements sont survenus qui y ont changé la distribution des terres et des mers. Rappelons-nous les régions de Saint-Pargoire, de Graissessac, tour à tour fonds de mers, de lacs, de lagunes, et aujourd'hui émergées et formant continent : tous ces faits, de constatation si facile, établissent surabondamment cette variabilité de la configuration d'une même surface aux divers moments des temps géologiques.

XVI.

Un résultat de la configuration extérieure du globe est la possibilité d'atteindre ses portions les plus profondes par l'observation directe. — Cette possibilité a eu deux conséquences pratiques : l'établissement de l'échelle géologique et la création de la science mixte nommée paléontologie stratigraphique.

Si les Roches sédimentaires, superposées aux Roches cristallophylliennes conformément à l'ordre relatif que le § IV leur assigne, les avaient complétement enveloppées sur le globe entier ; si elles n'avaient subi aucun mouvement ni aucune solution de continuité, il en serait résulté que, à l'exemple des cartes les plus basses d'un jeu placé sur une table, les roches profondes eussent été à jamais dérobées à nos regards; mais il se trouve, pour une cause quelconque, qu'au lieu d'avoir affaire à des cartes exactement superposées, on a sous les yeux des cartes déployées, ne se recouvrant qu'en partie. Cette disposition, réalisée pour les trois sortes de Roches, permet naturellement aux plus profondes d'apparaître au jour et de se présenter, comme roches superficielles, directement à l'observation.

Les Roches ignées et les Roches cristallophylliennes de l'Espinouse affleurent au-dessous des schistes et des calcaires sédimentaires de la région de Saint-Pons, et ceux-ci, à leur tour, après avoir occupé une grande surface, disparaissent sous les marnes et les grès plus récents du canton d'Olonzac.

La portion gauche de ma Coupe géologique à travers le département montre cette disposition de la bande Sc, par rapport au massif rose Gr, et celle des bandes H, P et autres, par rapport à Sc.

Ainsi, les formations correspondant à une Ère du globe ne disparaissent pas tout entières sous les produits d'une Ère ultérieure ; elles entrent elles-mêmes pour une plus ou moins grande part dans la constitution de la surface, et remplissent chacune, en quelque sorte, deux rôles : celui d'élément de région naturelle sur une aire géographique déterminée, et celui de sous-sol ou de support aux dépôts ultérieurs.

Ce fait, général sur tout le globe, s'observe naturellement dans chacun des arrondissements de l'Hérault. Les Roches cristallophylliennes du Caroux, avant de s'enfoncer sous les sédiments plus jeunes de la région de Bédarieux, forment de hauts sommets qui ne ressemblent, ni pour la forme ni pour la nature de leur sol, aux calcaires qui les recouvrent vers l'Est, et ceux-ci, de leur côté, se développent sur de grandes surfaces qu'ils revêtent de caractères spéciaux, avant de disparaître pour servir de support aux formations plus récentes de la plaine de Béziers.

Il en est de même, dans l'arrondissement de Montpellier, de la région de nos basses Cévennes, région de plateaux ou de garrigues constituée par des calcaires qui s'abaissent vers le Sud et servent de sous-sol aux sables et aux marnes qui forment les régions bien autrement fertiles de nos plaines de Lunel, de Lattes et de Launac.

Ce que je dis des dépôts correspondant aux Ères ou aux Époques s'applique exactement à la disposition des sédiments formés durant des divisions plus restreintes des temps géologiques. L'une d'elles a été marquée dans

l'Hérault par un épais dépôt de schistes ; une autre par
la formation de beaux marbres griottes et d'autres calcaires ; schistes et calcaires occupent respectivement de
vastes régions dans l'arrondissement de Saint-Pons et
s'abaissent, vers le Sud, sous les sédiments des Périodes
plus récentes. Un autre exemple plus frappant encore se
voit au Bousquet-d'Orb, près de Lunas (arrondissement
de Lodève) : dans cette localité se trouvent, ramassés sur
un petit espace, des représentants d'un grand nombre de
Périodes successives et jusqu'à des témoins de l'Ère ignée.
Le granite du bois de Bernasobres supporte des schistes
épais au-dessus desquels s'étagent, comme les assises superposées d'un immense édifice, les roches les plus caractéristiques des périodes que nous connaîtrons (XVII) sous
les noms de Périodes houillère, permienne, triasique et
jurassique ; légèrement en retrait les unes sur les autres,
ces roches se recouvrent sans s'envelopper, et se présen-
tentchacune aux regards de l'observateur. Le Diagramme 1
(Pl. VI) montre très-nettement ces dispositions.

Il n'est pas jusqu'aux dépôts correspondant aux subdivisions des Périodes elles-mêmes qui ne présentent les
mêmes situations respectives ; durant la Période éocène de
l'Époque tertiaire (XVII), se sont accumulés des sédiments dans des milieux de nature bien différente : les
uns ont comblé des mers, les autres des lacs. Nous pos-
sédons des témoins de ces derniers dans la partie occidentale de l'Hérault, dans la région de la Caunette ; des
lignites sont exploités dans la formation lacustre de cette
subdivision de l'éocène, et recouvrent les dépôts marins
de la même subdivision ; ici encore, disposition en retrait
des deux dépôts, apparition du plus ancien à la surface,

sur une grande étendue et sous la forme orographique si caractéristique du causse de Minerve ; étagement au-dessus de lui des sédiments lacustres, lesquels, après avoir constitué un mamelonné médiocre et occupé une grande aire géographique, s'enfoncent vers le Sud, sous les alluvions limoneuses de la plaine de l'Aude. (Voir Pl. III, Coupe de Roquedaut à la Livinière.)

Telles sont les relations de position respective des terrains qui entrent dans la constitution du globe, et aussi, chacun pour sa part, dans la composition de sa surface. L'observation de chacun d'eux est ainsi rendue possible, si bas qu'il soit placé dans la série des dépôts successivement effectués. L'observateur n'aura donc pas, à proprement parler, à s'enfoncer directement ou par des procédés artificiels dans l'écorce du globe pour en reconnaître et étudier les parties profondes ; ces profondeurs s'ouvrent pour ainsi dire d'elles-mêmes sous ses pas et se dévoilent à ses regards.

On comprend que les Roches ignées ayant pénétré à travers toutes les autres participent, elles aussi, comme les Roches sédimentaires, à ce rôle de roches superficielles. Le granite de la Salvetat n'est pas demeuré enseveli sous les micaschistes du Caroux ; le porphyre des environs de Gabian s'est fait jour au travers des dépôts plus récents, et s'est rendu visible.

Quelle que soit la cause de cette situation si favorable à l'étude du globe dans toutes ses parties ; quelle que soit la part qui en revienne à la mobilité de l'écorce terrestre et à l'action dénudatrice des eaux de la surface, c'est à elle, c'est à cette disposition en retrait que nous devons de pouvoir dresser l'inventaire et de faire l'étude des divers dépôts qui se sont effectués sur le globe et des générations qui l'ont successivement animé. Le globe n'est donc pas un livre fermé : il s'est ouvert de lui-même entre les mains du lecteur ; les terrains en sont les feuillets, les débris organiques en font la pagination. (Voir pag. 41.) On a pu ainsi arriver à reconnaître et à supputer matériellement jusqu'à cent dix groupes d'assises superposés, correspondant chacun à une rénovation organique[1].

Or l'inventaire des dépôts effectués successivement sur le globe, dressé dans leur ordre naturel de superposition, constitue ce que les Géologues nomment : *Échelle géologique*.

L'inventaire des générations animales ou végétales, dressé suivant l'ordre de leur apparition, constitue la *Paléontologie stratigraphique*, ou l'étude des anciens êtres considérés dans leur relation avec le rang qu'occupent, dans l'échelle géologique, les dépôts respectifs qui en renferment les débris.

La possibilité d'atteindre directement par l'observation les parties les plus profondes du globe a donc créé du

[1] Il ne faudrait pas croire que l'observation d'une seule localité ait fourni les éléments d'une statistique aussi considérable. L'histoire d'un peuple n'a pas toutes ses archives réunies dans le même lieu; à plus forte raison l'histoire du monde entier : «la série géologique,» a dit Al. Brongniart, «ne sera donc pas prise sur un seul point ni sur une seule coupe verticale; elle résultera de plusieurs lignes verticales placées dans différents lieux et se rattachant ensemble par des terrains communs, inférieurs dans les uns et supérieurs dans les autres». Il serait en effet facile de faire assister à l'établissement progressif de la série complète dressée à l'aide de ces supputations locales de couches, faites d'abord en Allemagne (1756), puis en Angleterre et en France (1800-1812), et de nouveau, en dernier lieu, en Angleterre (1837).

même coup l'Échelle géologique et la Paléontologie stratigraphique.

XVII.

L'échelle géologique trouve son expression dans l'énoncé suivant : l'histoire du globe se subdivise en Ères, Époques [1], Périodes, qui elles-mêmes ne constituent pas les divisions les plus réduites des temps géologiques.

Le § V nous révèle la réalité de trois Ères successives ; il n'appartient qu'aux astronomes, aux physiciens et aux chimistes, de reconnaître les divers moments qui peuvent se distinguer dans les deux premières, durant lesquelles se sont accomplis des phénomènes de l'ordre exclusivement physique et chimique. (Voir le mot *Ère* dans le Vocabulaire.)

La troisième embrasse tous les temps écoulés depuis l'établissement des conditions de la vie, et son apparition sous la plupart des formes typiques que nous observons aujourd'hui.

Elle se subdivise en cinq Époques, qui correspondent à cinq étapes principales du règne organique, dans cette marche ascendante que caractérise la prédominance tou-

---

[1] J'adopte ici le terme d'*Époque* pour désigner une division de second ordre dans les temps géologiques, et celui de *Période* pour une division du troisième ordre; si je ne me conforme pas à l'acception donnée par nos lexiques à ces deux termes, c'est que j'ai voulu demeurer fidèle au sens très-compréhensif que le langage vulgaire s'est toujours plu à donner au terme d'*Époque* dans le domaine géologique. On dit : les Époques de Moïse; et Buffon, en écrivant son mémorable livre des *Époques de la nature*, semble avoir établi à jamais ou tout au moins suffisamment consacré ce sens plus général du mot *Époque* dans notre domaine.

jours plus accusée des formes d'organisation les plus
élevées.

Ces cinq Époques ont été appelées, d'après leur ordre
sérial naturel :

Époque primaire ou ancienne ;
— secondaire ou du moyen âge ;
— tertiaire ou moderne ;
— quaternaire ;
— actuelle ou contemporaine.

Chacune de ces Époques comprend des Périodes établies sur des divisions que les cinq étapes organiques
susdites ont paru susceptibles de présenter.

L'Époque primaire, dont les archives si riches en Amérique et en Angleterre se retrouvent merveilleusement
accumulées dans une région très-circonscrite de l'Hérault
(environs de Cabrières et de Neffiès, arrondissement de
Béziers), renferme les Périodes *Silurienne*, *Devonienne*,
qui empruntent leur nom à la région occupée autrefois
par les anciens Silures, dans le pays de Galles, et au
comté du Devonshire, où leurs monuments ont été particulièrement conservés et étudiés ; la Période *Carbonifère*,
durant laquelle se sont produits les grands dépôts de
charbon de terre ou de houille ; enfin la Période *Permienne*, qui a laissé de nombreux témoins en Russie,
dans le Gouvernement de Perm.

L'Époque secondaire comprend trois périodes, savoir :
La première, la plus ancienne, présentant en Allemagne,
où elle est le mieux représentée, trois dépôts distincts
qui s'accompagnent d'ordinaire, a été appelée pour cela
Triasique (trois).

La deuxième, dont les dépôts se trouvent constituer nos

montagnes du Jura : d'où son nom de Période *Jurassique*.

La troisième, à laquelle la craie graphique, substance blanche dont nous nous servons pour écrire sur les tableaux noirs, a paru longtemps spéciale : d'où son nom de Période *Crétacée* (*creta*, craie).

L'Époque tertiaire a été subdivisée par divers auteurs en Périodes plus ou moins nombreuses, ayant chacune un nom tiré de la localité où elle a laissé le plus de vestiges ; je les réduirai, avec les Géologues anglais, à trois principales, que j'appellerai avec eux : *Éocène, Miocène, Pliocène*, désignations marquant l'aurore (ἔως) et les progrès toujours plus accentués (μεῖον, πλέον) de l'établissement des formes organiques récentes (καινός).

L'époque quaternaire ne reconnaît pas encore de Périodes distinctes suffisamment caractérisées.

L'Époque actuelle comprend l'état actuel du règne organique, tant sous le rapport des espèces et des genres existants que sous celui de leur répartition géographique.

Je résume ce qui précède dans le tableau suivant :

Ère ignée.

— ignéo-aqueuse.

— aqueuse..

Époque primaire....
— Période silurienne.
— devonienne.
— carbonifère.
— permienne.

— secondaire..
— triasique.
— jurassique.
— crétacée.

— tertiaire....
— éocène.
— miocène.
— pliocène.

— quaternaire.
— actuelle.

XVII *bis*.

Les différentes subdivisions des temps géologiques : Époques, Périodes, Sous-Périodes, portent le plus souvent, dans le langage géologique, l'appellation uniforme de « Terrain ».

La notion, très-commune en Géologie, de *Terrain*, correspond à l'ensemble des dépôts effectués pendant la durée d'un même ensemble organique, quelle que soit l'importance de cet ensemble, qu'il serve de fondement à la grande division d'Époque ou à celles plus restreintes de Période ou de Sous-Période. En ce sens, tout *Terrain* pourra être considéré comme l'équivalent à la fois inorganique et organique d'une fraction quelconque des temps géologiques ; il correspond en effet à une certaine somme d'actions physiques ayant abouti à une accumulation et à une superposition de dépôts, et à une certaine somme de vie écoulée ayant laissé ses traces dans ces dépôts.

On dira indifféremment : terrain primaire, terrain silurien, terrain secondaire, terrain jurassique, bien que les divisions *primaire* et *silurien, secondaire* et *jurassique,* ne soient pas du même ordre.

L'usage même autorise à appliquer la dénomination de *Terrain* à certaines individualités lithologiques, étrangères au monde de la vie, dont le nom implique une notion d'âge bien déterminé. C'est ainsi qu'on dit *Terrain granitique, Terrain gneissique,* pour désigner des surfaces occupées par le granite et par le gneiss. On dit également *Terrain volcanique* quand il s'agit de surfaces occupées par les produits des volcans.

Cette notion d'âge, de place dans le temps, impliquée dans le terme de *Terrain*, distingue nettement sa signification géologique de son sens purement agricole ; ce dernier n'a trait qu'à des conditions particulières de composition ou d'état physique. Le Géologue dira très-bien : *Terrain granitique*, *Terrain gneissique*, parce que l'âge du granite, comme celui du gneiss, n'oscille que dans des limites de temps très-restreintes et généralement connues ; l'agronome seul dira : *Terrain calcaire*, *Terrain argileux*, parce que les termes d'argile et de calcaire n'impliquent par eux-mêmes aucune notion d'âge déterminé.

XVIII.

La grande loi établie par la Paléontologie stratigraphique, à savoir : l'universalité de l'ordre de succession de divers ensembles organiques à la surface du globe, constitue le fondement de l'Échelle géologique.

Le caractère d'universalité affirmé (XI) en faveur de l'ordre de succession des divers ensembles organiques à la surface du globe, donne à l'échelle géologique sa vraie valeur pour l'histoire du globe. Il ne saurait être indifférent, en effet, que la place d'un même ensemble d'animaux et de végétaux ait été reconnue comme étant partout la même sur toute la surface du globe observée.

Ainsi, pour m'en tenir au tableau des formations géologiques du département (Voir plus loin), partout où sur le globe on a observé l'existence du *Grès bigarré*, on a constaté sa postériorité par rapport à l'un quelconque des termes de la série qui le précèdent dans ce tableau, et son antériorité par rapport à l'un quelconque de ceux qui l'y suivent. Il en est ainsi des différents terrains et des différentes subdivisions de chacun d'eux : ainsi, le Grès bigarré forme, avec le Muschelkalk et le Keuper, en Allemagne, le terrain qu'on a appelé Trias. Ces trois termes s'accompagnent toujours en Allemagne dans l'ordre suivant : le Keuper à la partie supérieure, le Muschelkalk à la partie moyenne, le Grès bigarré supportant les deux autres ; partout où ces trois termes coexistent, comme dans le Var, dans les Vosges, ils occupent la même place respective. En Angleterre, le Muschelkalk manque d'ordinaire ; son absence constitue une lacune (Voir le mot *Lacune* dans le Vocabulaire), mais les deux termes subsistants n'en sont pas moins respectivement placés de la même manière, le Keuper en recouvrement sur le Grès bigarré. L'Hérault nous en fournit à sa même place un représentant rudimentaire. (Voir le mot *Muschelkalk* dans le Vocabulaire.)

Deux terrains ou groupes quelconques de couches *à faune semblable*, si grande que puisse être la distance géographique qui les sépare, si différents que puissent être entre eux les éléments lithologiques qui les composent, occuperont donc toujours et partout le même terme de la série.

Cette identité de situation est d'ordinaire traduite par l'expression de *Contemporanéité* ou de *Synchronisme* ; cette expression est vicieuse : elle donne à croire que les changements organiques se sont accomplis *à la fois* sur tout le globe. Les faits ne nous donnent pas cette notion de simultanéité ; ils nous enseignent seulement que ces changements se sont accomplis partout *dans le même ordre*. Quelques auteurs anglais ont, avec raison, proposé de substituer à ces dénominations qui dépassent la portée des faits, celle, plus rigoureusement fidèle à l'observation,

5

d'*Homotaxie* (Ὅμοια τάξις, même *place*) : deux terrains de même faune seront dits non pas synchroniques, mais *homotaxiques.*

Je terminerai ces notions fondamentales par une dernière proposition d'un caractère plus pratique que les précédentes, et destinée à donner la notion et l'intelligence des Cartes et des Coupes géologiques.

XIX.

Chacune des deux parties d'un même dépôt (§ XVI), l'une superficielle, l'autre profonde, peut être l'objet d'une représentation graphique particulière : la première au moyen de couleurs spéciales, la seconde par les procédés ordinaires des coupes et des profils. — Dans le premier cas, on obtient une Carte géologique ; dans le second, des Coupes ou Profils géologiques.

§ 1. CARTES GÉOLOGIQUES.

Le § XVI nous fait comprendre que toute région sur le globe est formée d'un certain nombre de masses minérales qui ne sont autres, la plupart du temps, que les parties superficielles, les prolongements extérieurs de masses minérales profondes. La surface du globe est donc partout susceptible de se subdiviser en bandes plus ou moins étendues, ayant chacune sa composition spéciale, placées régulièrement les unes par rapport aux autres, suivant l'ordre de formation des matériaux qui les composent, mais souvent aussi dérangées de leur position normale par des mouvements du sol qui les ont affectées ; chacune de ces bandes correspond à une région géographique particulière.

Si donc sur une Carte géographique on trace les contours de ces diverses bandes, et si on les revêt chacune d'une couleur distincte, on obtiendra : tantôt une série de zones alignées, parallèles, tantôt un réseau ou damier formé de surfaces plus irrégulières et plus ramassées ; l'assemblage de ces zones et de ces surfaces exprimera la constitution géologique de la contrée ; la Carte ne sera plus exclusivement géographique : sans perdre son premier caractère, elle sera devenue géologique.

La Carte d'ensemble de l'Hérault placée à la fin de cette Notice (Pl. X), si réduite qu'elle soit dans son échelle, réunit ces deux caractères. A chacune de ses treize couleurs correspond un ensemble de masses minérales que leur cachet organique spécial fait rapporter à un âge déterminé du globe ; on y voit tout ensemble des zones parallèles et des réseaux de surfaces plus irrégulièrement découpées, ces derniers plus particulièrement cantonnés dans la région limitrophe du département de l'Aude, au sud de Saint-Chinian.

Les terrains auxquels chacune des couleurs correspond sont indiqués, dans leur ordre naturel de superposition, au moyen d'une série de petits rectangles disposés suivant ce même ordre et teints chacun de la couleur consacrée dans la Carte au terrain qu'il représente. Cette série de rectangles coloriés et affectés chacun d'une lettre spéciale, s'appelle *Légende* ; la petite Carte ci-dessus indiquée est accompagnée d'une Légende composée de quinze rectangles.

On convient généralement de disposer la Légende d'après l'ordre de superposition des terrains : les plus récents, recouvrant tous les autres, sont représentés par les rectangles les plus élevés ; les plus anciens, recouverts, par les plus bas placés. Cet ordre est appelé descendant ; on descend ainsi, en effet, dans les profondeurs de l'espace ou du temps.

L'ordre inverse, ou ascendant, consiste à remonter des dépôts les plus anciens aux plus modernes.

L'ordre descendant paraît le plus logique quand il s'agit de la description et de la représentation des masses minérales qui forment le sol d'une région ; on voit qu'il s'exprime matériellement par une colonne composée d'assises superposées précisément dans l'ordre où elles le sont dans la nature; mais il est plus naturel, et en quelque sorte aussi plus logique, de suivre l'ordre inverse quand il s'agit de faire l'histoire de la formation progressive d'une contrée. Je suivrai donc l'ordre ascendant quand j'essaierai, à la fin de la seconde partie, de résumer l'histoire de la formation géologique du sol de notre département.

Les Roches ignées occupent généralement le bas de la Légende ; c'est la place qui leur convient comme Roches de fond et d'établissement plus ancien que les autres ; elles devraient se retrouver à différents niveaux dans la Légende, si l'on avait souci d'exprimer leur ordre d'apparition à la surface.

On dispose encore dans une colonne spéciale les noms des substances utiles à divers titres qui se présentent dans la contrée et qui n'y occupent jamais de grandes surfaces, comme le plâtre, les divers métaux, etc.; on les accompagne de notations spéciales. On signale aussi par des signes particuliers les lieux riches en débris organiques, la direction et l'orientation des couches, les gîtes miniers abandonnés, les tuileries, les carrières, etc.; cette colonne porte généralement la rubrique : *Indication des signes.* Il s'en trouve une semblable dans chacune de mes Cartes détaillées.

§ 2. Coupes et Profils[1] géologiques.

Les Coupes et Profils géologiques sont plus spécialement destinés à faire connaître les parties demeurées profondes des diverses masses minérales qui entrent dans la composition d'une région ; les Cartes géologiques ne montrent que leurs portions superficielles. Leur manière d'être dans l'intérieur du sol, leur *cours souterrain*, comme on l'a appelé, resterait ignoré malgré son importance, si des sections pratiquées dans des directions convenables n'en faisaient connaître d'une manière tout au moins approximative l'allure et le régime; en outre, les relations de contact de deux terrains d'âge différent, c'est-à-dire leur mode d'être respectif à leurs confins mutuels, seraient exprimées d'une manière bien imparfaite si l'on se bornait aux indications que fournit leur figuration en plan sur les Cartes; la simple juxtaposition de deux couleurs distinctes ne permettrait pas d'apprécier les circonstances, et encore moins de comprendre la raison de la juxtaposition des terrains qu'elles représentent. Ce contact peut être la contiguïté naturelle de deux masses minérales qui, s'étant suivies immédiatement dans leur formation, reposent en retrait l'une sur

---

[1] Les mots *Coupe* et *Profil*, suivis de la qualification de *géologique*. ont le même sens; quand ils sont employés seuls, ils désignent des modes différents de représentation. Les *Profils* reproduisent la figure topographique du terrain, les lignes de dépression et de faîte; les *Coupes* montrent la constitution géologique du terrain, les diverses couches qui le forment et leurs relations de contact. (Voir Pl. IX.)

l'autre, à la manière des terrains si divers que j'ai déjà
signalés au Bousquet-d'Orb ; ou bien il peut résulter de
ruptures qui, ayant entamé plus ou moins profondément
le sol, ont produit des effets de chevauchement sur leurs
parois, et placé bout à bout des couches différentes,
comme les arabesques d'une tapisserie disjointes à la suite
de lézardes survenues dans le mur qu'elle recouvre. On
a, dans ce dernier cas, affaire à ce que l'on appelle une
faille, genre d'accident très-commun par suite des cassures si nombreuses dont le globe porte les traces, et fort
important au point de vue de l'histoire d'une région et
des conséquences pratiques de mille sortes qui en découlent.

Je pourrais citer de nombreux exemples de failles dans
le département. Les régions limitrophes de l'Aude en
présentent un grand nombre, ainsi qu'en témoigne la
multiplicité des couleurs et des lignes brisées qui donnent
à la Carte de ces contrées une physionomie si spéciale ;
le cours de l'Hérault, celui de la rivière de Buèges, et de
tant d'autres, attestent, par l'âge respectif des dépôts
placés en contact sur leurs berges le plus souvent escar-
pées, que les cassures qui les ont produites se sont accompagnées du même ordre de phénomènes. On les retrouve
jusque dans l'épaisseur d'un même massif : témoin les
accidents que j'ai eu ailleurs[1] l'occasion de signaler dans
la Gardiole, au-dessus du Mas-Neuf ; témoin encore la
rupture, accompagnée de dénivellation sur ses bords,
que présente la colline de Béziers, et dont les deux pa-

[1] Session de la Société géologique de France à Montpellier (octobre
1868), pag. 123.

rois, très-resserrées et flanquées de maisons qui les res-
serrent encore, forment la descente si rapide, appelée
Canterelle, qui passe au pied de l'ancien rempart.

La Coupe géologique à travers le département (Pl. IX)
montre, dans deux endroits de notre surface, une juxtaposition de terrains qu'on ne saurait expliquer qu'au moyen
de deux failles ; mais l'un des plus frappants, assurément,
des faits du même genre, s'observe sur la rive droite de
l'Orb, entre Bédarieux et le village de la Tour. Des dépôts de la période jurassique s'y voient nettement rompus
et rabaissés jusque dans le lit même de la rivière, au contact et en contre-bas de sédiments plus anciens appartenant à la période permienne, qu'ils devraient norma-
lement recouvrir. Par contre, le même phénomène de
rupture a rapproché de la surface les terrains les plus
inférieurs, et permis au plus intéressant d'entre eux, au
terrain Houiller, d'affleurer sous forme d'un liseré étroit.
(Voir Pl. VI, Diagramme 11.)

Les Profils géologiques peuvent seuls nous faire pénétrer dans les détails de ces sortes d'événements.

Le Diagramme (Pl. VII) nous en offre une preuve.

Il représente une portion très-limitée de notre surface
départementale ; ce sont les environs immédiats de Joncels, à 3 kilomètres de Lunas (arrondissement de Lodève).
On y voit un grand nombre de couleurs différentes
indiquant des natures variées de dépôts disposés respectivement de manières très-diverses. Cette juxtaposition
de bandes si distinctes et si diversement ordonnées ne
saurait donner une notion exacte des rapports réels de
position, et par suite des relations d'âge entre les dépôts
respectifs que ces bandes représentent. Ces rapports appa-

raissent au contraire d'une manière claire dans les Profils
tracés suivant certaines lignes sur cette surface (Pl. VIII).

La Coupe suivant la ligne EF montre les relations
naturelles par recouvrement successif des dépôts B, C,
D, E appartenant au Trias, et F se rapportant à l'Infralias.
Primitivement continus, les supérieurs ont été soumis
à des érosions superficielles, lesquelles, n'ayant pas atteint
les inférieurs B, C et D, ont respecté leur continuité. La
partie de droite F, en contre-bas de la partie de gauche,
trouvera son explication dans les deux Coupes suivantes.

La Coupe suivant la ligne AB nous montre sur sa
portion de droite les mêmes relations naturelles de superposition des divers dépôts, et sur sa portion de gauche,
en contre-bas des premiers, une série différente d'assises
également superposées, que leur millésime organique
rattache au terrain jurassique, et particulièrement à l'Infralias ; cette série F correspond à la partie de droite de
la Coupe précédente marquée de la même lettre.

L'Infralias, étant plus récent que le Trias, devrait naturellement le recouvrir ; il le recouvre en effet à quelque
distance de la ligne de coupe, ainsi que vient de nous
le montrer le Profil EF, et le recouvre même en profondeur ; une sonde qui le traverserait rencontrerait au-
dessous de lui le Trias ; la position en contre-bas qu'il
occupe ici résulte d'une fracture et d'une dénivellation
le long des deux parois de la fracture ; les deux portions
de la même masse rompue se sont trouvées à deux
niveaux différents : surélevé sur la paroi de droite, le
Trias se trouve au contraire abaissé au point de disparaître
en profondeur, sur la paroi de gauche ; l'Infralias qui
l'y recouvre le dérobe aux regards ; si ce même Infra-

lias ne se retrouve pas en recouvrement sur le Trias surexhaussé de droite, c'est que l'érosion à laquelle il donnait prise par son relief l'a fait disparaître ; déjà la Coupe EF nous le montre bien aminci et bien réduit de la puissance qu'il offre sur la partie gauche abaissée, et, partant, plus protégée, du Profil AB. Son amincissement et sa disparition complète représentent les degrés divers de l'érosion.

La Coupe suivant CD montre une relation du même genre entre les deux mêmes sortes de dépôts; on y voit de plus un dérangement dans la position des strates F qui accompagne d'ordinaire ces sortes d'accidents.

Les lignes noires brisées indiquent les directions de ces plans de fracture.

DEUXIÈME PARTIE

APPLICATIONS AU DÉPARTEMENT DE L'HÉRAULT.

I.

Carte géologique de l'Hérault.
Historique, mode d'exécution.

La Carte réduite de l'Hérault qui accompagne cette Notice [1], et celle détaillée en quatre feuilles correspondant chacune à un arrondissement, qui se publie en ce moment,

---

[1] La Carte qui accompagne cette Notice est la reproduction, légèrement modifiée au point de vue de la lettre, d'une Carte du département de l'Hérault dressée par Amelin, ancien professeur de dessin à l'École du Génie, pour servir à son *Guide du voyageur dans l'Hérault*, à la date de 1827. Cette Carte est donnée par son auteur comme « indiquant les gisements des volcans, des mines, des carrières ». Elle a paru, dans l'ouvrage d'Amelin, teinte de sept couleurs désignant sept formations géologiques distinctes ; le coloriage, dû au professeur Marcel de Serres, constitue un document important pour l'histoire des connaissances géologiques afférentes à notre sol, dont j'ai eu soin de faire mention dans chacune de mes Cartes détaillées.

La Carte qui accompagne cette Notice porte treize couleurs ; c'est un essai tout nouveau dé chromolithographie fait dans les ateliers de MM. Boehm. Je remercie Messieurs les Directeurs et tout le personnel des ateliers pour le soin qu'ils ont apporté à ce travail.

ne sont que l'application à notre surface départementale du travail de délimitation des zones ou réseaux de masses minérales dont je viens de parler dans le paragraphe précédent.

La haute sollicitude des Ministres des Travaux publics et de l'Agriculture pour tout ce qui peut contribuer à la connaissance de notre sol, a depuis longues années provoqué dans les départements l'établissement de Cartes géologiques ; c'était le complément naturel de la Carte topographique dressée sous la direction du Ministre de la Guerre par les officiers de l'État-Major : aucun élément du relief et de la composition minérale de notre pays ne devait demeurer ignoré. Une première Carte géologique de la France fut exécutée à l'échelle de 1/500 000 par les deux illustres Géologues Dufrénoy et Élie de Beaumont, et parut en 1841 ; elle n'était que l'ébauche, ébauche magistrale, de la Carte définitive qui réunira sur l'échelle au 1/80 000, adoptée par l'État-Major, la topographie de notre sol, dans sa plus rigoureuse exactitude, aux détails les plus minutieux de sa constitution géologique, accompagnés de l'indication de toutes les substances utiles qu'il renferme. Une grande portion de la région septentrionale est déjà terminée. Une pareille œuvre exigeait nécessairement l'exécution préalable de Cartes départementales ; l'Hérault avait été, dans quelques-unes de ses parties, l'objet d'études spéciales de la part d'un certain nombre d'observateurs ; j'ai eu soin de faire connaître sur chacune de mes Cartes les travaux antérieurs afférents aux régions qu'elle renferme. Une Carte détaillée de la surface entière n'avait pas encore été établie : c'est à cette œuvre que j'ai été appelé. Heureux du laborieux mandat qui me fut confié le 27 août 1857 ; soutenu par les encouragements et la bienveillance de chacun des Administrateurs qui se sont succédé dans notre département ; aidé continûment par la très-libérale sympathie du Conseil Général ; muni durant ces dernières années, par la haute sollicitude scientifique de MM. Surell et Huyot, directeurs de la Compagnie des chemins de fer du Midi, d'un parcours sur le réseau qui me rendait maître des conditions de temps et d'espace[1] ; gratifié des mêmes facilités de la part de M. l'administrateur Joret et de MM. les ingénieurs Brum, directeur, et Boucher-Léoménil, ingénieur en chef de nos chemins de fer départementaux, je n'ai cessé, durant dix-sept ans, de consacrer à l'accomplissement de ma tâche les rares loisirs de mon enseignement à la Faculté des Sciences. J'ai eu dans le commencement sous les yeux l'exemple d'un grand maître en géologie, Émilien Dumas (de Sommières), dont les Cartes du Gard sont un impérissable monument élevé à la science par une vie tout entière consacrée à son service ; j'ai eu mieux que son exemple : j'ai eu ses conseils, ses directions ; mieux encore, son secours personnel dans mes premiers essais. Il voulut bien répondre à l'appel que lui adressa le Conseil Général, et m'aider à lever la Carte géologique de l'arrondissement de Lodève et d'une partie des régions les plus compliquées de celui de

---

[1] Je tiens à joindre aux noms de MM. Surell et Huyot ceux de M. David, ingénieur de l'exploitation des chemins de fer du Midi, et de M. l'ingénieur Jules Michel, aujourd'hui ingénieur de l'exploitation du chemin de fer de Lyon, alors ingénieur à la Compagnie du Midi, qui ont bien voulu me servir d'intermédiaires toujours efficaces auprès de l'Administration ; je ne saurais trop reconnaître leurs bons offices.

Béziers : heureuse fortune, pour le département, que cette consécration à son étude d'une expérience aussi consommée et d'une activité dont les fatigues n'avaient pu triompher ! Livré à moi-même, après sa mort, je me suis efforcé de ne pas m'écarter de la voie qu'il m'avait tracée, et de répondre tout ensemble à la confiance dont j'avais été l'objet et aux directions que j'avais reçues.

Comme Dumas l'avait fait pour le Gard, je résolus de dresser une Carte spéciale pour chacun de nos arrondissements. Sans doute, les divisions administratives n'ont rien de commun avec les régions géologiques naturelles ; mais, indépendamment de l'influence toute naturelle du précédent créé à mes côtés, il m'a paru qu'après tout les bornes départementales étaient elles-mêmes des limites tout aussi regrettables au point de vue du prolongement des lignes géologiques, et que ce serait satisfaire à la curiosité de mes compatriotes, et peut-être provoquer parmi eux des vocations scientifiques, que de détacher à leur profit, d'une surface très-étendue et peu abordable en son entier à la plupart d'entre eux, les portions les plus susceptibles de les intéresser. J'aurais voulu m'en tenir moins strictement aux limites politiques ; le temps m'a manqué matériellement pour poursuivre les formations géologiques en dehors de mon cadre, dans les départements voisins. Dix-sept années m'ont paru un délai suffisant à l'impatience légitime de mes bienveillants mandataires. Le temps, d'ailleurs, complétera lui-même mon œuvre : l'Aveyron possède déjà sa Carte géologique ; l'Aude et le Tarn auront les leurs ; les documents viendront ainsi d'eux-mêmes s'ajouter à ceux que j'ai réunis pour l'Hérault.

Mes Cartes d'arrondissement ont été obtenues par de simples reports des cuivres du Dépôt de la Guerre. Un artiste habile de Paris, M. Wührer, successeur de Messieurs Avril, s'est chargé de rapprocher par cette voie les portions des feuilles de l'État-Major afférentes à chacun de nos arrondissements, et a de cette manière établi des feuilles nouvelles, n'existant pas dans le commerce, destinées à mon œuvre spéciale ; c'est sur ces Cartes ainsi dressées que j'ai dessiné les contours des divers dépôts qui se rencontrent dans les surfaces qu'elles représentent. Mettant à profit les conditions exceptionnelles d'une bonne volonté générale pour l'œuvre qui m'était commise, je n'ai pas craint de séjourner bien des jours de suite[1] dans les différentes localités, et d'analyser avec minutie et de relever bien des éléments que des circonstances moins favorables ne m'eussent pas permis de distraire de plus vastes ensembles. Aidé très-efficacement par le concours d'observateurs sédentaires[2], j'ai pu réaliser ce que

---

[1] Au nombre des hôtes bienveillants qui m'ont fait retrouver auprès d'eux les charmes du foyer, sacrifiés un moment pour des courses lointaines, je me plais à citer : MM. de Grasset père, à Pézenas ; Bernard à Nissan, et dans sa propriété de Fabrègues (arrondissement de Béziers) ; Blazin, à Olonzac ; Chabaud, conseiller général, à Saint-Gervais ; Dubrueil, de Montpellier, dans sa propriété du Cayla ; l'abbé Filachou, à Cassagnoles ; Gept, à Laurens ; Gros, à Salvergues ; Hugounenq, à Lodève ; Maistre, à Villeneuvette ; Mialane, de Lunas, à Ceilhes ; Mirza-Narbonne, à Bize ; l'abbé Reynard, dans ses cures successives de Fos, Graissessac et Thézan ; Sabatier-Desarnaud, à Béziers ; Simon et Lambert, au Bousquet d'Orb ; le Dr Tédenat, à la Vacquerie ; l'abbé Tudès, à Vailhan ; Vidal, instituteur à Fraisse... Je leur exprime à tous ici publiquement ma reconnaissance.

[2] MM. Boutin, alors en résidence à Ganges ; Chabaud, à Saint-Gervais ; Charles de Grasset, à Pézenas ; Firmin, vétérinaire à Nissan ; Jeanjean

je m'étais promis en 1853 et pratiquer à l'égard du département la méthode que je venais de suivre pour la description géologique des environs de Montpellier ; cette méthode trouve sa formule dans cette phrase de de Humboldt, dont j'ai fait l'épigraphe de ma thèse inaugurale : « Dans la monographie géognostique d'un terrain de peu d'étendue, par exemple des environs d'une ville, on ne saurait distinguer assez minutieusement les différentes couches qui composent les formations locales ».

Dans cet esprit, je n'ai pas craint d'isoler des groupes minéralogiques rattachés généralement, et par Dumas lui-même dans le Gard, à certains autres dont ils m'ont paru se distinguer par des différences d'allure, de caractères d'ensemble et de relief ; c'est ainsi que mes divisions et les couleurs qui les représentent se trouvent, pour un même terrain, en plus grand nombre que dans les Cartes déjà publiées où ce même terrain figure. Dumas, dont le coup d'œil était si exercé, et qui saisissait avec tant de pénétration ce qu'on peut appeler les horizons naturels, a établi dans son texte certaines divisions qu'il n'a pu, faute d'espace, figurer sur ses Cartes du Gard ; des conditions plus favorables m'ont permis de le faire dans celles de l'Hérault

Je me suis, autant que possible, conformé aux lettres et aux couleurs choisies par Dumas pour les formations communes aux deux départements. Malheureusement il n'est pas toujours aisé d'arriver à une identité complète

---

(Adrien), de Saint-Hippolyte; Hugounenq, à Lodève; Mirza-Narbonne, à Bize; Sabatier-Desarnaud, à Béziers; Salles, instituteur à Ferrals; Torcapel, sous-ingénieur au chemin de fer de Lyon, alors en résidence au Vigan ; Triadou cadet, de Pézenas; Vidal, instituteur à Fraisse….

de couleurs ; en outre, la différence de nos procédés de coloriage devait amener des discordances regrettables : Dumas coloriait ses Cartes à la main ; j'ai usé, pour les miennes, de la chromolithographie, si habilement pratiquée par M. Wührer ; on tiendra compte à cet artiste de la difficulté spéciale provenant des traits quelquefois très-noirs des feuilles de l'État-Major. La Carte de Cassini, fort inférieure au point de vue de la triangulation et des détails géographiques, mais plus heureuse certainement par la disposition des clairs et des ombres, n'eût pas offert les mêmes inconvénients, mais je n'ai pas voulu renoncer à la topographie de l'État-Major ; d'un autre côté, une sage économie m'interdisait de substituer le système des courbes de niveau à celui des hachures : j'ai donc abordé de front la difficulté presque insurmontable de transformer en Cartes géologiques d'une netteté satisfaisante les minutes de l'État-Major, dont les reports auxquels j'ai dû recourir exagéraient encore les inconvénients ; on voudra donc ne pas se montrer trop sévère pour les imperfections. Je doute qu'aucune coloriation géologique ait atteint encore la complexité des périmètres de la région de Cabrières-Neffiès (arrondissement de Béziers), à l'échelle de 1/80 000. Je ne saurais en conséquence assez reconnaître le soin et la sollicitude de M. Wührer pour triompher des conditions défavorables qui s'imposaient à lui.

Je terminerai ces quelques renseignements sur l'esprit et le mode d'exécution de la Carte géologique de l'Hérault, en affirmant que son auteur n'a pas prétendu faire une œuvre définitive : il livre ses Cartes à ses confrères en science et à ses compatriotes à simple titre d'essai et de point de départ pour une œuvre meilleure ;

il les sollicite, les uns et les autres, à les rectifier et à
les compléter par leurs observations. Il a tenté de sé-
parer tous les groupes minéralogiques qui lui ont paru
posséder une individualité propre ; il a pu se tromper, et
exagérer ces distinctions, comme aussi et surtout, malgré
son attention, ne pas avoir tracé correctement leurs
bornes respectives. Il a douté et doute encore des relations naturelles de quelques-uns de ces groupes : le grès
de Saint-Chinian, par exemple, comme il sera dit plus
loin, n'est rapporté encore qu'avec hésitation à la place
où il figure dans la Légende de Saint-Pons; les calcaires
anciens, qui forment des bandes si distinctes au milieu
des grandes régions schisteuses des arrondissements de
Saint-Pons et de Béziers, lui ont paru, contrairement à
l'avis de certains observateurs, Messieurs Fournet et Graff
en particulier, susceptibles d'être rapportés à des époques
diverses, et, pour la plus grande partie, à la période
devonienne ; il n'a pas encore réussi à réunir les éléments d'une solution définitive. Ce sont là des sujets
d'étude qu'il se promet de poursuivre et qu'il confie en
même temps aux préoccupations des Géologues. Il pense
que, pour mieux assurer l'amélioration et l'achèvement
définitif de son œuvre, qu'il reconnaît imparfaite dès le
premier jour, il conviendrait qu'il incombât désormais à
la chaire de minéralogie et de géologie de la Faculté des
Sciences de Montpellier la tâche de poursuivre, avec le secours de l'Administration départementale, ce travail de
perfectionnement. Le Professeur chargé de propager la
connaissance des grands faits géologiques ne saurait en
effet mieux faire que d'aller chercher près de lui des exemples dont l'Hérault est si prodigue ; en même temps,

cette continuité d'efforts vers un même but assurerait à notre Administration la possession d'une statistique minérale féconde en résultats pratiques pour les habitants d'un sol si riche en substances utilisables.

Ce n'est pas ici le lieu de parler de l'opportunité, pour cette statistique, de l'établissement de Cartes communales et cantonales, à la fois géographiques, agronomiques et minéralogiques, dont le Conseil Général de l'Hérault a adopté la conception et facilité par des votes spéciaux les premiers essais d'exécution; il ne doit s'agir ici que de la Carte géologique. Et après avoir ainsi exposé le but que l'auteur a poursuivi et la manière dont il s'est essayé à l'atteindre; après avoir, pour y mieux réussir, formulé le vœu que le Conseil Général, continuant et achevant son œuvre si libérale de désintéressement scientifique, veuille bien rendre cette Carte abordable à tous, en la cédant au simple prix de tirage, et cette modeste Notice qui l'accompagne au simple prix de revient[1], je retourne aux zones

---

[1] Le Conseil Général a bien voulu se rendre au vœu que j'exprime ici, et dans sa séance du 12 avril 1875 il a été unanime à fixer le prix de la Carte géologique de l'Hérault à 12 fr., et celui de la Notice qui l'accompagne à 3 fr.; en outre, il a porté le tirage de la Carte au chiffre de 1100 exemplaires, et celui de la Notice au chiffre de 1500. Il estime que la connaissance scientifique de la constitution minérale de notre sol et de son histoire géologique forme un élément indispensable d'éducation libérale et d'instruction pratique; en conséquence, il n'a pas craint d'encourager et de rendre abordable à tous ce premier essai de vulgarisation, malgré ses imperfections.—Je ne saurais assez remercier le Conseil Général d'avoir pris une pareille décision. C'est d'ailleurs un noble précédent en faveur des études géologiques qu'il a l'honneur de créer, et qui consacre dans notre département des habitudes d'heureuse et de féconde initiative dont il me serait facile de rappeler plus d'un éclatant exemple.

ou réseaux de masses minérales que je disais se partager notre territoire. Je dois actuellement en faire saisir de plus près la composition et les rapports; en outre, comme chacune de ces masses minérales correspond par son cachet organique spécial à un âge du globe, je devrai en marquer la place dans la série des terrains dont le globe est constitué. A cet effet, il convient d'entrer, au préalable, en connaissance avec les éléments qui forment, à proprement parler, les pierres de nos monuments géologiques.

II.

Roches de l'Hérault, leurs relations mutuelles.

Chacune des masses minérales qui se partagent le département est composée d'une seule roche ou de l'association de plusieurs; dix-huit roches seulement contribuent à le former, et se distribuent de la manière suivante dans les trois sortes de Roches reconnues (III):

Roches Ignées.

Basalte.
Granite porphyroïde.
Porphyre.

Roches Cristallophylliennes.

Gneiss.
Granite-Gneiss.
Micaschiste.
Schiste talqueux.

TEMPS GÉOLOGIQUES.			DÉPOTS EFFECTUÉS DURANT LES TEMPS GÉOLOGIQUES
ÈRES.	ÉPOQUES.	PÉRIODES.	SUR LA SURFACE DU DÉPARTEMENT DE L'HÉRAULT ou Équivalents inorganiques des Temps géologiques dans l'Hérault.

TEMPS GÉOLOGIQUES.

ÈRES. — ÉPOQUES. — PÉRIODES.

DÉPOTS EFFECTUÉS DURANT LES TEMPS GÉOLOGIQUES
SUR LA SURFACE DU DÉPARTEMENT DE L'HÉRAULT
ou
Équivalents inorganiques des Temps géologiques dans l'Hérault.

Actuelle.
A — Alluvions actuelles et Alluvions récentes (Terrasses).
A¹ — Dunes et Appareil littoral.

Quaternaire.
T — Tuf ou Travertin.
B — Tuffas, Scories et Laves basaltiques.
D — Dépôts caillouteux des plateaux.
Fv — Dépôts fluvio-volcaniques du Riége, près Pézenas, et de l'Estang, près Péret.
　　Horizon de l'*Elephas meridionalis*.
Mm — (*partim*). — Dépôts détritiques et dépôts chimiques concrétionnés rougeâtres (Saint-Palais, Saint-Siméon, Pinet, Mèze, Bouzigues, etc.).

Tertiaire.

PLIOCÈNE.
P — Poudingue supérieur.
S¹ — Formation lacustre à la partie supérieure des Sables marins.
S — Sables marins supérieurs de Montpellier. — Horizon du *Mastodon brevirostris*.

MIOCÈNE.
Mm — (*partim*). — Dépôt fluvio-marin (molasse à dragées), Fontès, Aspiran, Roujan, Magalas.
Mᵒˡ — Marnes jaunes (calcaire moellon) et Marnes bleues.
　　Horizon de l'*Ostrea crassissima* et du *Carcharodon megalodon*.
Lm — Formation lacustre intercalée dans les couches précédentes.
　　Horizon du *Dinotherium* de Montouliers.

L² — Calcaires supérieurs aux Poudingues (Assas, Saint-Martin-de-Londres).
L¹ — Poudingues, Grès et Marnes.
L　　Horizon de l'*Anthracotherium* de Montouliou.

ÉOCÈNE.
L — Calcaires, Marnes et Grès.
　　Horizons du *Palæotherium* de Saint-Gély et du *Lophiodon* de Cesseras.
N — Terrain nummulitique.

Formation lacustre sous-nummulitique
Ln — Calcaire marneux.
R — Brèches et Marnes rouges, Calcaires lithographiques.
　　= Garumnien de M. Leymerie.
GR — Grès de Saint-Chinian, paraissant se rattacher au Garumnien de M. Leymerie.
R — Calcaires inférieurs (calcaires à dentelles de Valmagne).
　　= Calcaires de Rognac (Matheron).
Gv — Grès de Valmagne, Marnes et Calcaires intercalés de Villeveyrac.

CRÉTACÉE.
Ne — Néocomien.

JURASSIQUE.
J³ — Horizon coralligène à *Terebratula moravica* ou mieux *T. Repellini*.
J² — Oxfordien. Calcaires, Dolomies (la Vacquerie, Saint-Maurice) comprenant l'horizon de l'*Ammonites polyplocus*.
J'd — Calcaires avec encrines de la Bissonne, près St-Guilhem-le-Désert, et Dolomies.
　　Grande oolithe?
J¹ — Calcaires avec nodules siliceux et Calcaires marneux à fucoïdes.
　　Oolithe inférieure.
J — Marnes supraliasiques. — Li s supérieur.
J¹ — Lias moyen (*partim*).
　　Lias moyen (*partim*).
　　Lias inférieur?
　　Infralias.

TRIASIQUE.
K — Keuper et Calcaires subordonnés (Muschelkalk?).
GB — Grès bigarré.
r — Conglomérat siliceux rouge.

PERMIENNE.
Per² — Marnes schisteuses rouges monochromes appelées *Ruffes* dans le pays, et Poudingues subordonnés.
Per¹ — Schistes ardoisiers de Lodève et Conglomérat calcaire inférieur.
　　Horizon des *Walchia Schlotheimi*. *Hypnoïdes* (Brongniart).

CARBONIFÈRE.
H — Terrain Houiller.
Pr — Schistes et Calcaires à *Productus* (Calcaire carbonifère).

DEVONIENNE.
P — Schistes et Calcaires (bancs à goniatites, bancs à polypiers, quartz à encrines).

SILURIENNE.
Sn — Schistes à *Cardiola interrupta*.
M — Schistes et Calcaires (Horizon de la Faune II, de Barrande).

Ignéo-aqueuse.
Sm — Micaschiste. Roches feldspathiques avec Quartz hyalin violet et Stéatite (Saint-Gervais). Pegmatite.
Gn — Gneiss et Granite-Gneiss.

Ignée.
Gr — Granite porphyroïde.
π — Porphyre (environs de Gabian et de Laurens).
　　Porphyre quartzifère (environs de Graissessac, Ceilhes...).
B — Basalte.

ÈRES : **Aqueuse.** — **Ignéo-aqueuse.** — **Ignée.**

Roches Sédimentaires.

Argile.

Calcaire.

Combustibles (Houille, Lignite).

Conglomérats (Poudingue, Brèche).

Dolomie.

Grès.

Marne.

Sable.

Schiste argileux.

Quelques-unes de ces roches présentent de nombreuses variétés et semblent, par leurs variations, racheter le petit nombre de matériaux constitutifs de notre sol. Cette diversité, jointe à l'économie de matière, se retrouve partout dans la nature. Les Roches sédimentaires sont particulièrement à signaler sous ce rapport, et parmi elles les calcaires, les conglomérats et les grès ; elles offrent pourtant ce caractère remarquable de présenter une certaine constance dans le temps, comme si chaque moment biologique avait été accompagné de conditions spéciales dans la sédimentation; on distingue en effet généralement, d'une manière assez facile, les calcaires d'une époque d'avec ceux d'une autre époque. Toutefois, cette constance moyenne a ses limites dans l'espace ; car, si dans une région déterminée toutes les roches d'un même âge portent, dans un ensemble de caractères similaires, la marque de leur contemporanéité, dans une autre région ces caractères changent ; les calcaires déposés durant le milieu de la période jurassique, très-reconnaissables partout dans la région méditerranéenne, revêtent un aspect tout autre dans le Nord ou dans l'Ouest. Il n'est que très-peu d'époques qui aient imprimé à leurs sédiments des caractères universels ; de ce nombre sont les époques houillère et triasique, dont les roches se ressemblent d'une manière remarquable sur la surface du globe entier.

Les Roches ignées et les Roches cristallophylliennes sont soumises à des variations infiniment moindres ; les variétés qui nous intéressent le plus, parmi celles que présentent les premières dans l'Hérault, sont les formes du basalte qu'on appelle *Scories*, *Laves* et *Tuffas* ; on en trouvera la signification dans le Vocabulaire ; elles ont été distinguées par des signes particuliers sur mes Cartes détaillées.

J'ai dit que les masses minérales qui composent notre sol départemental sont formées d'une seule roche ou de plusieurs associées. Comme exemple d'association à peu près constante sur le globe entier, je citerai le cas des Roches cristallophylliennes, qui s'accompagnent d'ordinaire, comme doivent le faire les produits graduels d'un même phénomène de refroidissement ; les Gneiss, les Micaschistes, les Schistes talqueux, contribuent à former notre massif de l'Espinouse.

Les Roches sédimentaires, dépendantes dans leur formation des phénomènes météorologiques (pag. 36), ou provenant de sources épanchées au fond des mers ou sur les continents, ne sauraient guère, par suite des circonstances mêmes de leur production, se présenter à nous autrement que groupées sans règle, au hasard de ces circonstances, sous la forme d'alternances ou de pénétrations réciproques ; c'est ainsi que les conglomérats, les grès, les argiles se pénètrent mutuellement ou se remplacent, et que les calcaires affectent le plus souvent la forme de masses lenticulaires témoignant d'un lieu d'élection où la matière a surabondé et d'où elle s'est répandue en s'épuisant ; cette manière d'être s'observe pour chacune de ces roches sur tous les points du département.

Comme exemple de roches prédominantes et occupant, à l'exclusion de toute autre, de grandes surfaces, je citerai le schiste argileux, le plus souvent aux confins des deux Ères ignéo-aqueuse et aqueuse, bien que parfois il se soit ultérieurement produit, mais toujours sur une échelle moindre ; l'étendue géographique des schistes des arrondissements de Saint-Pons et de Béziers témoigne de ce développement et de cette indépendance. Je signalerai encore les dépôts calcaires dont la partie renflée occupe quelquefois des surfaces considérables. L'Époque secondaire a été, dans notre département, très-riche en sédiments de cette nature ; la plus grande partie des arrondissements de Lodève et de Montpellier en est exclusivement formée ; poursuivis dans des directions diverses en dehors de nos limites, on saisirait leur terminaison et leur remplacement par des formations argileuses ou toute autre sorte de Roche sédimentaire.

Les Roches ignées présentent généralement un caractère marqué d'isolement, et diffèrent entre elles par l'importance des surfaces qu'elles occupent ; les Granites porphyroïdes de la Salvetat, les Porphyres de Gabian, les Basaltes d'Agde ou de l'Escandolgue, se montrent à l'exclusion d'autres roches, et forment des régions de circonscriptions différentes.

Je ne reviens pas sur la physionomie spéciale que les régions empruntent à la stratification des Roches sédi-

mentaires, contrastant si nettement avec celle qui résulte
des formes massives des Roches ignées ou feuilletées des
Roches cristallophylliennes.

Une autre physionomie non moins spéciale, s'exprimant par les formes topographiques et la végétation
spontanée, naîtra naturellement de la différence de composition et du mode de groupement des Roches sédimentaires. L'association du schiste et du calcaire de la
région médiane de l'arrondissement de Saint-Pons, celle
des grès et de calcaires tout autres que le précédent, du
canton d'Olonzac ; enfin l'assemblage du Gneiss, du Micaschiste et du Granite de l'Espinouse, forment autant
de régions naturelles très-distinctes, à tous les points
de vue, dont la Carte de l'arrondissement de Saint-Pons
me paraît plus apte que les trois autres à fournir un ex-
cellent type. Une autre région non moins naturelle de ce
même arrondissement est celle qui s'étend au S.-E. des
environs de Quarante à Cessenon, dont j'ai fait ressortir
(pag. 74) le caractère spécial de présenter les contacts
multipliés de nombreux terrains, par suite d'influences
dynamiques particulièrement actives en divers temps en
cet endroit.

III.

Place des terrains de l'Hérault dans l'Échelle géologique.

Je viens de donner une idée des pierres de l'édifice ;
je vais m'occuper de leur disposition en assises, pour
reconnaître l'ordre dans lequel chacune a été établie, ou,
en d'autres termes, étudier nos masses minérales, en qualité de monuments des époques successives de l'histoire
du globe.

Chacune des roches ou des associations de roches qui constituent ces masses a, par elle-même et par ses rapports de position avec les autres, son individualité propre dans la série des dépôts effectués sur le globe ; mais au point de vue géologique, si elle n'emprunte pas un élément supérieur d'individualité à la circonstance de marquer, par son contenu en vestiges organiques, un moment précis dans les manifestations de la vie sur le globe, elle risque d'être méconnue ou d'être confondue avec d'autres qui ne sont pas de la même date. Ainsi, certains ensembles d'assises qui se rencontrent dans le département ne sont pas encore bien sûrement rapportés à une époque déterminée, parce qu'ils n'ont pas offert un millésime organique reconnaissable ; je citerai certaines couches de conglomérat siliceux généralement rougeâtre, et aussi un dépôt considérable de grès que je rapporte, sous le nom de *Grès de Saint-Chinian*, au terrain appelé, depuis peu d'années, Garumnien. (Voir Tableau et Vocabulaire.)

Je ne puis songer à donner ici le tableau des populations animales ou végétales qui ont successivement animé le globe et marqué de leur empreinte les produits de la sédimentation concomitante, de manière à la constituer en terrains, dans le sens supérieur de ce mot, c'est-à-dire de vrais équivalents organiques et inorganiques de temps géologiques bien précis. J'ai déjà dit (pag. 63) que la paléontologie stratigraphique avait réussi à établir, dans la série des dépôts, cent dix groupes très-nettement distincts les uns des autres par leur cachet organique ; ce résultat est une conquête toute récente et le fruit nouvellement cueilli des longues et patientes observations dont chacun des terrains, dans toutes ses subdivisions, est aujourd'hui l'objet. Il n'entre pas dans ma mission actuelle de pénétrer aussi avant dans le détail des événements géologiques ; mes horizons ne dépasseront pas pour le moment les divisions reconnues depuis longues années, admises par tous, et suffisantes pour donner une notion exacte de l'histoire géologique de notre département.

Il conviendrait peut-être, à cet effet, de faire connaître tout au moins les divers ensembles organiques qui, par leurs relations de position dans les couches du globe, ont permis d'établir ces divisions classiques ; mais je craindrais de franchir les limites que je me suis prescrites. Je renverrai aux manuels et aux traités qui sont entre les mains de tous ; je recommanderai surtout l'étude des collections, et en particulier celles de notre Faculté, où chacun des terrains que je vais énumérer possède ses représentants les plus accrédités. (Voir le mot *Fossile* au Vocabulaire.)

Je reprends donc le tableau que j'ai déjà dressé (pag. 66), et je place en regard de chacune des divisions qu'il renferme les dépôts qui lui correspondent dans le département. Par ce moyen, on aura du même coup la place, dans le temps, des différents terrains portés sur la Légende particulière de chacune des quatre feuilles de la Carte ; le Vocabulaire donnera l'explication des termes spéciaux de lithologie et de géologie qui les accompagnent, ainsi que celle des signes qui figurent sur les mêmes feuilles dans une colonne particulière ; la Légende de la Carte réduite se trouvera de cette manière naturellement expliquée. (Voir le Tableau ci-contre.)

IV.

1° Distribution et disposition relative, à la surface du département, des terrains ci-dessus énumérés;
2° Lecture d'une Carte géologique en général et des Cartes géologiques détaillées de l'Hérault en particulier;
3° Un mot sur les dislocations de l'Hérault et sur les essais de coordination des éléments du relief du globe.

J'ai dit (pag. 71) que la destination spéciale des Cartes géologiques était de représenter l'état de la surface d'une contrée, ainsi qu'elle résulte du mode de répartition et d'agencement des différentes masses minérales qui la constituent. Les zones ou bandes et les réseaux dont j'ai parlé comme accidentant le plus ordinairement cette surface, témoignent, par leur existence même, d'une certaine ordonnance dans la disposition relative de ces masses minérales, qui a sa raison d'être dans le mode et les temps respectifs de leur formation. Les différentes masses minérales qui entrent dans la composition d'une contrée ne seront donc pas plus mêlées et plus confusément disposées que les lettres du moindre mot ou les mots de la moindre phrase; comme ces lettres et ces mots répondent, dans leur arrangement, à certaines règles qui s'imposent aux opérations de notre esprit, ainsi les terrains répondent, dans leur disposition, à un ensemble d'opérations de l'ordre physique et dynamique, qui elles aussi ont leurs règles et leur logique. Cette même ordonnance se retrouve jusque dans les dérangements et les altérations qui ont pu les affecter, absolument comme on retrouve l'observation des lois organiques dans les mon-

struosités, et les dessins du plan primitif d'un édifice
jusque dans ses ruines; seulement le travail de restaura-
tion est souvent difficile, il le sera surtout pour le Géologue : les dimensions de l'édifice ne lui permettent pas de
l'embrasser aisément dans son ensemble, et, ce qui est
plus fâcheux encore, l'édifice n'est pas tout entier sous
ses yeux : les trois quarts s'en dérobent à ses regards;
comment jugera-t-il sainement de ce qui reste ? La portion continentale du globe, en effet, la seule accessible à
ses observations, ne constitue que le quart de sa surface,
et c'est cette surface qu'il veut connaître non-seulement
dans son état actuel, mais dans ses états antérieurs. Le
Géologue devra donc se contenter d'observer ce qu'il a
sous les yeux, et se garder de se livrer à des généralisations
ou à des synthèses aventurées. Il le devra surtout dans
des régions qui, comme la nôtre, ont été particulièrement
soumises aux dérangements et aux altérations, le département de l'Hérault faisant partie de la région méditerranéenne qui comprend vers l'Est les plus grands reliefs
de notre globe.

J'étudierai donc simplement la distribution de nos
masses minérales à la surface de notre sol, et j'essaierai
d'en tirer les inductions les plus immédiates sur la nature des événements locaux qui l'ont produite; aussi
bien les effets de cette distribution et de ces dislocations
sur la figure et l'économie générale de notre département
sont tout à fait indépendants des systèmes et des théories, et les connexions de ces divers ordres de faits ne
ressortent pas avec moins d'évidence, quelles que soient
les obscurités qui enveloppent le problème des causes
générales et profondes. C'est, après tout, cette connexion

qu'il est important d'établir; ce sont ces effets qu'il est intéressant de constater.

Une remarque préliminaire nous permettra de comprendre que nous devions nous attendre à trouver dans l'Hérault une réunion exceptionnellement remarquable de monuments géologiques d'âges divers. Par sa position géographique au centre de notre zone méditerranéenne et au Sud du plateau central, l'Hérault se trouvait naturellement dans les conditions les plus favorables pour posséder des exemplaires de tous les dépôts qui se sont effectués dans les trois régions si distinctes de notre pays : celles du centre, du S.-O. et du S.-E. Le Tableau que je viens de dresser réunit en effet toutes les formations qui dans chacune de ces divisions de notre sol se développent quelquefois, à l'exclusion les unes des autres : les monuments des Ères ignée et ignéo-aqueuse, si richement représentés dans le plateau central ; ceux de l'Époque primaire, que renferment les Pyrénées ; les terrains secondaires de la Provence et les formations si variées du bassin de la Garonne, qui se rattachent à l'Époque tertiaire ; il n'est pas jusqu'aux produits volcaniques, si curieusement greffés sur le plateau central, qui ne se retrouvent sur notre sol ; enfin, le voisinage de la mer prédestinait l'habitant de l'Hérault à la situation si favorable de spectateur et de témoin des opérations les plus récentes de cette grande ouvrière des temps géologiques, opérations dont les cordons littoraux sont l'un des résultats les plus curieux, et dont une foule d'autres phénomènes de désagrégation et d'agglutination présentent les analogies si frappantes et si instructives avec les phénomènes de même nature des époques diverses du globe.

1.

Un simple regard jeté sur la Carte réduite a déjà (pag. 71) suffi pour constater l'existence de bandes très-distinctes s'en partageant la surface : au N.-O., trois zones parallèles, l'une rose (Gr), l'autre gris clair (Sc), la troisième plus au Sud et plus étroite, d'une teinte grenat (N), limitant par son bord méridional une surface coloriée en vert (L), nette· ment distincte des trois autres et dirigée dans le même sens. Cette même surface verte se retrouve en direction plus au Nord et à l'Est, portant les signes d'une continuité primitive, interrompue actuellement sur un grand espace colorié en jaune (M).

Par son bord Nord sur le côté gauche de la Carte, et par sa limite méridionale dans la partie de droite, cette même surface dessine sur la Carte une ligne, marquée sur ses divers points de couleurs diverses, dont les deux points extrêmes seraient Hautpoul à l'Ouest et Lunel à l'Est. Cette ligne, traversant le département de part en part, le divise en deux moitiés qui se distinguent nettement l'une de l'autre par le choix et l'agencement des couleurs qui prédominent dans chacune d'elles.

La réalité d'une pareille démarcation entre deux portions de notre surface territoriale forme l'un des traits les plus caractéristiques et les plus généraux de la physionomie géologique du département, qui se confond avec le trait le plus saillant de sa physionomie orographique, à savoir : son orientation générale du N.-E. au S.-O. Si l'on se rappelle (XVI) que les différentes bandes coloriées qui se partagent la Carte correspondent à autant

de portions superficielles des diverses masses minérales
constitutives du sol, et que des mouvements du globe
(VII) ont présidé à l'émersion des dépôts, comme aux
conditions mêmes de leur formation dans les eaux, on
n'aura pas de peine à voir dans cette ligne la trace
linéaire d'une ou de plusieurs de ces actions mécaniques
qui auraient affecté notre sol dans cette même direction,
comme suivant une charnière, à un ou plusieurs moments
dont il sera peut-être possible de donner plus loin la date
approximative, grâce au millésime organique des dépôts
affectés.

Un autre trait non moins remarquable de la Carte
géologique de l'Hérault, c'est la disposition générale en
moitié d'ellipse de la surface coloriée en bleu (J), disposition qui se laisse saisir au travers de solutions de
continuité nombreuses. Les noms de Romiguières au
Nord, de Saint-Hippolyte au N.-E., en dehors de mon
cadre, des Matelles à l'Est, de Cournonterral et de Poussan au Sud ; ceux de Roujan, de Murviel, de Villespassans à l'Ouest, décrivent le contour semi-elliptique de
cette surface, enveloppant dans sa concavité les extrémités
des deux zones rose et gris clair que j'ai signalées tout à
l'heure. Si, en présence de ces contours et des interrup-
tions qui s'y remarquent, on a présent à l'esprit l'ordre
de succession exact de nos diverses formations, succession reproduite dans la Légende, on comprendra aisément
que les solutions de continuité sont dues à des recouvrements ultérieurs de la surface bleue par des dépôts plus
récents : c'est en effet ce que montre le rang qu'occupent
dans la série de mes rectangles les couleurs verte (L),
jaune (M), chamois foncé (G), qui remplissent les lacunes.

L'alignement si marqué, mais présentant lui aussi de larges solutions de continuité, qui fait le caractère du mode de distribution de la surface G, montre que les roches qui la constituent ont été soumises aux mêmes conditions que les dépôts marqués par la couleur bleue qu'elle accompagne d'ordinaire.

Un troisième trait non moins saillant nous est fourni par le cantonnement, dans la partie inférieure de la Carte, des surfaces jaune (M) et brun clair (S), et par leur absence dans toute la région Nord. La localisation des dépôts qui les forment, leur nature de sédiments essentiellement marins, enfin leur date relativement récente, puisqu'ils occupent les troisième et quatrième rangs supérieurs dans la Légende, indiquent que les parties de notre département où on les observe sont redevenues submersibles à une époque qui se rapprochait de la nôtre, alors que tout le reste était en dehors des eaux. Les limites actuelles de ces mêmes dépôts sont le résultat de l'action érosive des eaux extérieures, dont j'ai invoqué l'activité si grande, accrue le plus souvent par les effets des actions mécaniques.

La même conclusion s'appliquera aux contours des surfaces coloriées en vert (L) disséminées dans le N.-E. de la Carte, témoignant de nappes plus étendues autrefois, sous lesquelles devait disparaître, en totalité ou en partie, le sous-sol colorié en blanc sale (N), aujourd'hui à découvert.

Un dernier trait que je crois devoir faire ressortir, c'est la série linéaire dirigée N.-S., légèrement oblique, des surfaces allongées, circonscrites, teintes en vermillon (B). Pour elles comme pour toutes celles qui figurent sur une Carte géologique quelconque, la connaissance précise et présente de la nature et de l'âge relatif des masses minérales qui les composent, en fait comprendre le mode de distribution et connaître le rôle à la surface; la teinte vermillon désigne sur ma Carte des roches basaltiques, lesquelles, en leur qualité de matériaux volcaniques, devaient affecter nécessairement la forme sporadique; en outre, la date toute récente de leur apparition, en raison même de leur provenance profonde (pag. 47), les disposait naturellement à jouer le rôle de roches recouvrantes : de là, leur présence à l'état de roches superficielles et leur diffusion sur notre sol.

C'est encore une considération d'âge relatif qui justifiera la distribution des surfaces orange (P) et gris foncé (Tr); la Légende nous les montre immédiatement inférieures aux masses coloriées en bleu (J); si ces couleurs se présentent sur la Carte en bandes juxtaposées et exactement parallèles aux contours de la surface bleue (J), c'est un effet des érosions survenues à la suite des fractures profondes qui caractérisent si nettement nos causses du Midi, teints de cette couleur bleue et désignés par la lettre J.

La surface blanc sale (N), unique en quelque sorte de son espèce et occupant la partie orientale de la Carte, fait ici sa première apparition dans le S.-O. de la France; elle se développe à l'Est et joue un grand rôle dans le Gard et plus loin en Provence ; elle figure, dans la Légende, au-dessus de la masse J. La juxtaposition de leurs couleurs respectives est donc naturelle. Des Coupes ou Profils (pag. 73) feraient voir leurs rapports de contact; mais leur âge relatif suffit à expliquer leur contiguïté

7

comme celle des surfaces vertes (L), par rapport à la même surface (N).

Je n'ajouterai plus qu'un mot relativement aux deux rectangles de la Légende A et C : le premier, désignant les alluvions fluviatiles, correspond aux espaces laissés en blanc le long de nos cours d'eau (Orb, Hérault); l'échelle de la Carte ne permet pas de figurer les alluvions des rivières moins importantes; le second, portant des points et des traits obliques, indique un dépôt de cailloux recouvrant des surfaces plus ou moins étendues, à des hauteurs considérables au-dessus des cours d'eau actuels. Les points répondent à une nature de matériaux en rapport avec les montagnes du N.-O. du département, les traits obliques à des éléments identiques à ceux qui constituent les cailloux alpins si connus de la Crau; leur ligne de contact, qui se trouve près de Saint-Aunès, indiquerait la rencontre des deux sortes d'apports par les cours d'eau de ce niveau et de cette époque.

2.

Les deux Diagrammes 2 et 3 de la Planche II me paraissent propres à faire comprendre combien il importe, pour la lecture et pour l'intelligence des Cartes géologiques, de commencer par se familiariser, au moyen de la Légende, avec le rang dans la série de chacun des terrains figurant sur la Carte.

Un coup d'œil jeté sur la Carte réduite (Pl. X) dans la région de Graissessac, saisit un rapport de contiguïté entre une bande gris foncé H et deux autres surfaces, l'une orangée P, et l'autre Sc coloriée en gris clair; or la

Légende établit pour ces trois terrains l'ordre sérial suivant: Sc ou Schistes au bas, H par-dessus SC, et P supérieur à tous les deux. La traduction géologique de ces rapports serait la suivante : les Schistes Sc, déposés antérieurement au terrain Houiller H, lui servent de support, et le Permien P, plus récent que le terrain Houiller et l'ayant immédiatement suivi, l'a naturellement recouvert en tout ou en partie; dès-lors on comprendra qu'une Coupe de la région faite dans la direction NS (Pl. II, *fig.* 2) montre les relations de Sc et H, et la superposition du second sur le premier; H s'y présente en effet dans un pli de Sc et comme posé dans un berceau; une coupe orientée N.-O. S.-E (Pl. II, *fig.* 3) montrera au-dessus du terrain Houiller les couches plus récentes du Permien en recouvrement.

Il découle de ces relations une conséquence pratique fort importante : quand on se trouve dans une région formée par les Schistes Sc, on serait mal venu de chercher le terrain Houiller par-dessous ; le Diagramme 2 montre l'inanité d'une pareille recherche. Il en sera autrement si l'on se trouve sur une surface P, ou même sur une surface Tr, correspondant, d'après la Légende, à un dépôt plus récent que P; P et Tr, ayant suivi le terrain Houiller dans le temps, pourront le recouvrir : c'est donc dans la région spéciale où nous nous trouvons, suivant la direction du Diagramme 3, qu'il conviendra de faire un sondage, et non suivant celle du Diagramme 2.

Cet exemple s'applique naturellement à tous ceux du même genre se référant à la recherche en profondeur d'un dépôt spécial.

Il va sans dire que les possibilités scientifiques ne

s'harmoniseront pas toujours avec les possibilités industrielles. Oui, il sera très-possible scientifiquement que partout où l'on se trouvera sur les terrains P, Tr, J, etc., un sondage rencontre le terrain Houiller ; mais il pourra très-bien se faire que l'épaisseur et la nature des dépôts à traverser pour l'atteindre, comme aussi les dislocations qui ont pu intervenir durant les dépôts successivement effectués sur le même point, sans donner toujours de leur présence des marques extérieures, anéantissent toute chance de profit industriel ; la possibilité de cette opposition entre les deux points de vue doit toujours être prise en considération dans les questions où la science est appelée au secours de l'industrie.

Je viens à dessein d'épeler en quelque sorte les caractères qui composent ce qu'on nomme une Carte géologique. En effet, sans une méthode de lecture, ces sortes de Cartes resteraient pour nous muettes ; le principe de la méthode que l'exemple précédent me paraît mettre suffisamment en lumière sera donc une familiarisation préalable, la plus intime possible, avec l'allure ordinaire des roches et surtout avec l'ordre de succession des dépôts qui y figurent, allure indiquée dans tous les manuels, ordre établi sur la Carte même dans la Légende qui l'accompagne. Ce principe facilitera en particulier l'intelligence de mes Cartes détaillées de l'Hérault, où un peu d'attention permettra de retrouver les traits généraux que je viens de relever, mais qui risquent naturellement de disparaître au milieu des détails qui ont dû y prendre place.

Quelques mots sur chacune de ces Cartes compléteront notre instruction à cet égard.

La Carte de l'arrondissement de Saint-Pons met en pleine évidence la réalité des quatre bandes (Gr, M, N, L), parallèles entre elles, qui forment le premier trait que j'ai signalé. Les couleurs ni les lettres n'y sont plus celles de la Carte réduite ; mais les surfaces respectives qui appartiennent à chacune d'elles ne s'en dessinent pas moins d'une manière nette ; des subdivisions spéciales (Gn, SM, P, Lc, Lg), absentes de la Carte réduite à cause de son échelle, portent le même caractère de parallélisme et de disposition en ligne droite ; les hachures horizontales, placées sur certaines portions de la quatrième bande, indiquent clairement les relations par remplacement latéral des roches qui la forment.

Une cinquième zone, dont j'ai eu plus d'une fois l'occasion de faire mention, s'impose aux regards, sur la partie orientale et inférieure de la Carte, par le nombre et l'étroitesse des bandes qui s'y rencontrent, et leur direction oblique par rapport aux quatre premières. Cette multiplicité de couleurs et cette déviation de la direction générale des autres dépôts sont le signe, je l'ai déjà dit, de fractures dans chacune desquelles une paroi s'est trouvée placée en contre-bas de l'autre, et a rapproché des couches superficielles de couches plus profondes qui ne pouvaient, en conséquence, se correspondre ; de là, la juxtaposition, sur la Carte, de couleurs plus ou moins distantes l'une de l'autre dans la Légende, et aussi l'existence de masses resserrées, allongées en forme de lanières étroites, qui ne doivent leur apparition au jour qu'à ces fractures.

La connaissance préalablement acquise de la situation normale et respective de chacun des terrains qui figu-

rent sur la Carte nous donnera l'intelligence du rôle
de chacun d'eux : celui d'intrusion de la bande (Gr) au
milieu des autres, et celui de recouvrements respectifs
des deuxième, troisième et quatrième zones ; l'économie
de la cinquième vient de recevoir son explication.

L'arrondissement de Béziers n'est pas moins apte que
le précédent à témoigner en faveur du principe de la continuité des divers dépôts à la surface du globe. Les sépa-
rations et les ruptures ne constituent que des accidents,
et les disparitions sous des sédiments plus récents ne
sauraient compromettre l'autonomie de cette continuité,
devenue souterraine, que les sondages ont précisément
pour objet de rechercher et pour fin d'établir. La sorte
de charnière que nous avons constatée dans la Carte
réduite apparaît avec évidence dans une portion de son
étendue, dessinée en traits saillants par le bord si bien
aligné de la grande surface jaune (M^{o1}) dans la moitié
inférieure de la Carte. Le même parallélisme, la même
disposition en ligne droite, éclatent dans la disposition
des dépôts resserrés dans l'étroit espace compris entre la
zone verte (M) et la même surface jaune (M^{o1}) Ici encore,
l'étude des rectangles de la Légende et de leurs rangs respectifs, jointe à la connaissance préalable de l'allure générale des roches qui leur correspondent, suffira pour faire
comprendre la distribution superficielle des terrains qu'ils
représentent ; on verra ainsi aisément le grand dépôt marqué de la lettre D recouvrant comme d'un manteau éraillé
la formation marine si étendue M^{o1}, et tous deux limitant
d'autres surfaces composées de roches formant le sous-
sol, et demeurées à nu depuis leur dernière émersion,
ou mises plus récemment à découvert à la suite de dénu-

dations. Les basaltes (B) se trahissent, comme sur la Carte réduite, par la diffusion des surfaces restreintes qu'ils recouvrent, et aussi par leurs formes allongées et rétrécies, rappelant les courants de laves de nos volcans.

Lodève, aussi probant que Saint-Pons et Béziers à l'endroit de la continuité des dépôts et de leur parallélisme, reproduit plus spécialement la disposition en moitié d'ellipse ou même en trois quarts de cercle que nous a offerte la bande bleue (J) de la Carte réduite. Ce qui saille en effet ici, c'est l'arrangement en courbes concentriques d'un certain nombre de bandes parallèles qui ne sont que les extrémités, en retrait l'une par rapport à l'autre, des masses minérales formant les assises profondes de l'édifice minéralogique de la contrée : ces assises, se suivant immédiatement dans la Légende, se montrent par conséquent à nous comme des étagements successifs de dépôts qui se sont suivis dans l'ordre des temps et que des phénomènes quelconques, simples ou complexes, ont mis ultérieurement à découvert, comme les écailles d'un ognon entr'ouvert ; le bulbe en serait formé par les calcaires de Soumont (P), et la tunique la plus extérieure par les calcaires (J²) de la Vacquerie et de Saint-Maurice, dont un lambeau, témoin de la continuité primitive, se retrouve au-dessus des roches si pittoresques de Mourèze, portant les ruines romanes de Saint-Jean-d'Aureillan. Les enveloppes intérieures et profondes devraient aux érosions plus récentes l'épanouissement plus ou moins grand des surfaces qui leur correspondent.

On observe à gauche l'extrémité des bandes parallèles que nous avons reconnues dans Saint-Pons, et dont le rang dans la Légende recule l'âge jusqu'à des temps bien antérieurs à ceux des formations en courbes concentriques, qui les recouvrent et les enveloppent.

Une étude plus minutieuse nous ferait retrouver au sud de Mourèze des exemples de fractures et de dénivellations analogues à celles de la cinquième zone si faillée de Saint-Pons, comme aussi nous ferait constater, dans la partie Nord, un effet ordinaire de ces mêmes fractures : je veux dire la répétition à très-courte distance de systèmes de couches absolument identiques, se trahissant sur la Carte par la juxtaposition de systèmes identiques de couleurs.

Nous retrouvons dans la Carte de l'arrondissement de Montpellier la ligne séparative des deux moitiés de la Carte réduite, mais ici avec une particularité que met en lumière l'échelle plus grande de la Carte détaillée. Entre Juvignac et Grabels, la ligne en question subit une inflexion très-sensible, au point de faire un angle très-ouvert avec sa première direction, que reproduit d'une manière si nette le bord mitoyen des grandes surfaces bleue (J^2) et jaune (M^{o1}), constitutives du massif d'Antonègre et de la plaine de Cournonterral. La deuxième partie de la ligne, dirigée Ouest un peu Sud, se dessine non moins bien à l'œil par le contraste des deux surfaces qu'elle délimite : celle du Nord, montueuse et chargée de couleurs ; celle du Sud, plus plate et de teintes plus uniformes.

L'arrondissement de Montpellier présente un développement remarquable des surfaces vertes (L) orientées N.-E. ; les dépôts qui les forment nous indiquent, par la date à laquelle ils se rapportent, qu'ils ont dû se mouler sur des sous-sols divers, creusés au préalable d'inégalités offrant la même orientation ; une autre particularité, relative à ces mêmes surfaces, est leur dissémination dans le nord de la Carte et leur état de morcellement dus au travail de désagrégation et de ravinement opéré par les eaux, ainsi qu'en témoigne partout l'identité des éléments qui les constituent, et sur certains points, d'une manière irrécusable, la proéminence considérable de leurs extrêmes bords au-dessus du sous-sol ; on y chercherait vainement les traces de la berge qui a dû exister. Je signalerai encore, dans la partie N.-O, des alignements N.-E. qui reproduisent sous des formes très-pittoresques, dans la région de Saint-Guilhem-le-Désert, la direction de la moitié occidentale de la ligne-charnière, et, dans les portions Sud et S.-E., la contiguïté de surfaces que leur place dans la Légende nous montre comme datant des temps les plus récents. Enfin la forme sporadique et limitée des éruptions basaltiques se retrouve à Montferrier et sur d'autres points circonscrits ; le tuffa de Maguelone, le basalte de Brescou relient cette partie de notre sol, malgré sa distance, au territoire volcanique d'Agde et de Saint-Thibéry, et par là à celui de l'arrondissement de Lodève, prolongement méridional de celui du plateau central.

3.

Il m'a été difficile, sans pour cela renoncer à observer la plus grande réserve à l'endroit des explications et des théories, de ne pas associer des considérations de mouvements du globe et de dénudations aux faits de distribution des terrains à la surface de notre sol. C'est qu'on ne risque jamais de se tromper quand on fait appel aux deux

modes d'activité du globe, tant extérieure qu'intérieure,
pour expliquer les divers accidents de sa surface; la chance
d'erreur commence avec la tentative d'apporter une précision, désirable sans doute, mais malaisée à atteindre,
dans l'enchaînement de ces actions mécaniques et dans
l'appréciation du degré d'énergie qu'elles ont déployé, du
temps qu'elles ont mis à s'accomplir, des mille et une circonstances de leur accomplissement. L'observation exacte
des faits soulève, mais ne suffit pas à déchirer le voile qui
nous dérobe les procédés de la nature; sachons respecter
la portée de ses révélations; gardons-nous de la dépasser.
J'ai déjà, à plusieurs reprises, montré par des exemples
particuliers les divers modes d'activité du globe dont
notre sol porte les traces manifestes; je me borne actuellement à chercher, dans le même ordre de faits, la raison,
si possible, de la distribution de terrains que je viens de
constater, et je veux m'en tenir ici au trait principal que
j'ai mis en saillie, à savoir : l'existence de la ligne-charnière partageant notre surface en deux moitiés. Or, il
résulte de l'observation la plus superficielle que, considérés au point de vue de leur âge relatif, les terrains qui
entrent dans la composition de notre sol offrent, par
rapport à cette ligne, le caractère remarquable d'être
généralement groupés d'après leur ordre d'ancienneté, les
plus anciens au Nord, les plus nouveaux dans la plus
méridionale des deux moitiés qu'elle détermine.

L'Époque tertiaire offre en effet au sud de cette ligne
ses représentants les plus nombreux, et les formations
qui se trouvent tout à la fois au Nord et au Sud présentent, au Sud généralement, leurs membres les plus jeunes:
témoin le Jurassique, dont la portion J^2 y prédomine.

Il semble donc qu'une grande fracture s'est opérée à un certain moment, suivant notre ligne séparative, et qu'un abaissement du sol s'en est suivi dans la moitié méridionale, qui a permis à la mer d'y affluer et aux sédiments de l'époque tertiaire de s'y déposer. La date de cet événement pourra être approximativement fixée vers la fin de l'Époque secondaire; notre département aurait, à ce moment, reçu le principal délinéament de sa configuration actuelle. L'extension plus septentrionale des dépôts teintés en vert (L) qui ont immédiatement succédé aux sédiments de la mer nummulitique, semblerait indiquer que, à l'époque de l'établissement du grand lac où ils se sont formés, des circonstances de dépression du sol se sont rencontrées, qui ont accru vers le Nord l'étendue des surfaces submersibles. Leur rôle actuel de surfaces continentales, leur état de morcellement, leur orientation générale, témoigneraient d'un retour d'actions mécaniques opérées suivant la même orientation, vers le milieu de l'Époque tertiaire, et suivies, comme toujours, d'actions dénudatrices considérables.

Un simple regard jeté sur la Carte réduite réussira à démêler les deux éléments orographiques de ma ligne-charnière, si nettement distincts dans la Carte de l'arrondissement de Montpellier, l'un plus spécialement dirigé E.-O., l'autre N.-E. S.-O., ce dernier paraissant sur certains points avoir croisé le premier et s'être, en conséquence, accusé le dernier sur notre surface.

On a souvent groupé les orientations de même sens sous la dénomination de *Systèmes*, qu'on a personnalisés en quelque sorte en leur donnant le nom des reliefs principaux du globe qui présentent la même orientation;

c'est ainsi que notre élément E.-O. s'est appelé Pyrénéen,
et que le second N.-E. S.-O. a été plus particulièrement
rattaché au massif du Mont-Seny, de la région de Barcelone.

Je ne suis pas assez édifié, je l'avoue, sur le prolongement et l'autonomie des mouvements du globe au travers
des matériaux si hétérogènes qui le composent (pag. 39),
pour suivre cet exemple et coordonner les accidents principaux ou secondaires de notre relief départemental,
d'après ce mode de classement. Je n'ai pas voulu pourtant
passer sous silence cet essai de systématisation, qui pourrait trouver ici, à la rigueur, sa justification dans la courte
distance géographique des termes du rapprochement.

Je ne tairai pas non plus cette circonstance orographique plus générale, qu'on a depuis longtemps relevée,
de l'exagération des effets de dénivellation aux endroits
où deux mouvements de directions différentes semblent
s'être rencontrés, et l'application qui en a été faite à certains points de notre région qui rentreraient ainsi dans
ceux qu'on appelle *singuliers :* les pics du Saint-Loup,
d'Hortus, de Cabrières ou de Bissou, etc. Je devrais peut-
être encore signaler les traces de dislocations plus récentes
dont témoigne la distribution linéaire N.-S. de nos Roches
basaltiques, et que tendraient à confirmer certaines particularités qu'on a observées sur notre littoral ; mais je ne
veux pas insister plus longtemps sur cet ordre de considérations, qui, plus que d'autres, à cause de son intérêt
et de ses conditions spéciales, a prêté aux généralisations
et aux théories dans ces derniers temps ; je reviens à
l'observation terre à terre des faits qui se rapportent au
mode de distribution des terrains sur notre surface, et
j'y découvre une nouvelle catégorie de données impor-

tantes pour la connaissance de notre département et pour l'appréciation de sa physionomie particulière : je veux parler des *Régions minéralogiques* et des *Régions topographiques* qui s'y laissent reconnaître.

V.

Régions minéralogiques de l'Hérault.

Il doit nécessairement résulter de la réalité de trois Ères distinctes dans la formation de notre globe et de la diversité des circonstances qui ont présidé au phénomène général de la sédimentation, que les dépôts correspondant aux diverses Époques et Périodes ont varié dans leur composition minérale. Si donc, comme le Tableau précédent en fait foi, chacune des Époques et même des Périodes de l'histoire du globe a laissé sur notre sol des monuments; si, comme je l'ai établi (pag. 60), chacun des dépôts successivement formés a dû entrer pour sa part dans la composition de notre surface départementale, celle-ci devra présenter autant de compartiments distincts, au point de vue minéralogique, qu'elle comptera de natures différentes de ces dépôts; toutefois, comme les roches qui forment le globe sont peu nombreuses (II), il arrivera nécessairement que certaines d'entre elles se répéteront dans la série des temps, et que, tout en demeurant toujours distincts par leurs caractères organiques, les matériaux qu'elles constituent se confondront par leurs éléments minéraux et par l'ensemble des caractères qui en découlent : à chaque terrain, c'est-à-dire à chaque témoin d'un moment de l'histoire du globe, ne corres-

pondra donc pas nécessairement une formation minérale spéciale ; nos Régions minéralogiques seront donc
moins nombreuses que nos Régions géologiques, et n'auront pas les mêmes contours.

Je crois bien faire d'énumérer celles que notre département m'a paru présenter ; elles fournissent l'un des
éléments de ces harmonies naturelles qui s'établissent
entre la nature du sol et ses produits. N'oublions pas
toutefois que la composition minérale, si importante
qu'elle soit, est singulièrement contre-balancée dans ses
effets par la question d'altitude ; ce n'est donc qu'en
groupant ensemble les Régions minéralogiques et les
Régions topographiques qu'on peut arriver à la véritable
notion de région naturelle, cet ensemble, si complexe et si
difficile à définir, des conditions les plus diverses aboutis-
sant à une merveilleuse unité de produits de tous ordres.

Je renvoie au § XII (pag. 42) pour faire justice de la
confusion que l'on fait trop souvent en attribuant à la
Géologie, dont la mission est d'écrire l'histoire du globe,
ce qui revient directement, en fait d'importance agricole,
à l'un des auxiliaires qu'elle s'est donnés, à la lithologie :
c'est en effet la composition minérale du sol qu'il exploite, et non la date de sa formation, qui importe à
l'agriculteur ; et je viens de dire que les mêmes natures de
dépôts ont pu se produire dans des temps très-différents.

Les compartiments minéralogiques qui se partagent
notre sol me paraissent présenter le double caractère
d'être formés par une Roche prédominante ou par l'association de plusieurs ; les dénominations sous lesquelles je
les désignerai seront assez larges et assez compréhensives
pour laisser place à des préoccupations d'un autre ordre

que celle de la composition chimique proprement dite : je veux parler de celles relatives à une autre qualité très-importante des sols, leur état physique.

Je distingue cinq sortes de sols où prédomine une roche à l'exclusion des autres : les **Sols schisteux**, composés, pour la plus grande partie, de silice, d'alumine, d'oxyde de fer, de chaux, de potasse et de magnésie ; les **Sols calcaires** ; les **Sols marneux** ; les **Sols dolomitiques** ou magnésiens, les **Sols siliceux**. Comme sols formés de roches associées, je discernerai les sols **feldspathiques** et **siliceux**, les sols **calcaires** et **marneux**, les sols **calcaires** et **siliceux** et les sols de mélanges plus complexes, que j'appellerai **sols de composition mixte** ; je formerai un dernier groupe fondé plus particulièrement sur des propriétés physiques : les sols **sablonneux** et les sols de **cailloux**. Ces derniers se diviseront en sols de cailloux cimentés, constituant des conglomérats, et sols de cailloux incohérents, parmi lesquels sont à distinguer les sols siliceux appelés vulgairement *Grès* dans le pays, et les alluvions caillouteuses, fluviatiles ou marines, de composition diverse.

Chacune de ces natures de sols est suffisamment représentée en surface dans l'Hérault pour justifier sa distinction ; toutefois je ne me dissimule pas qu'elles ne puissent se laisser réduire à un plus petit nombre ; mais j'ai mieux aimé pécher par excès que par insuffisance. Je devais aux facilités qui m'ont été si libéralement octroyées de parcourir le département, de faire connaître les impressions que j'avais reçues, le temps de la synthèse viendra plus tard ; c'est en assurer et en hâter l'avénement que de se livrer, au préalable, à l'analyse la plus minutieuse.

Je donne ici la liste de ces différentes sortes de sols,
et je place à côté de chacune les surfaces géographiques auxquelles elle correspond dans le département, au
moyen des lettres indicatives portées sur mes Légendes.

Sol schisteux, correspondant au rectangle Sc de ma
Carte réduite, et au rectangle M de mes Cartes détaillées.
Les surfaces marquées P dans la première, et Per¹ et Per²
dans les autres, rentrent dans cette catégorie.

Sol calcaire ¹ (n, N, J de ma Carte réduite ; P, Pr, J',
J¹, J², J³, N, T, Ne (*partim*) L, M (*partim*) de mes Cartes
d'arrondissement), constitue nos causses de la Vacquerie,
de Saint-Maurice, celui, d'altitude moindre, de Minerve,
nos garrigues de Jacou, du Crès, et celles plus élevées de
Frontignan, de Villeveyrac, de Cournonterral, et encore
celles d'Arboras, de Saint-Jean-de-Fos, de Murles, en
contre-bas du grand massif de la Sérane, qui rentre aussi
lui-même dans la région des causses. C'est encore comme
sol calcaire que doivent figurer les surfaces revêtues de
travertin T ; les bandes P d'un parallélisme si remarquable

---

¹ Il importe de faire remarquer que la dénomination de *sol calcaire* a
deux significations bien différentes, suivant que le calcaire constitutif du
sol en question est de la craie (carbonate de chaux à peu près pur) ou n'en
est pas ; les roches calcaires autres que la craie, étant mêlées d'argile,
d'oxyde de fer, de silice et d'autres matières, fournissent par leur décomposition, sous l'influence des agents atmosphériques, une argile rougeâtre qui communique au sol des propriétés toutes différentes de celles
que présente un sol crayeux : ce dernier seul mériterait à la rigueur, à
l'exclusion de tout autre, la dénomination de sol calcaire ; or, le département de l'Hérault est absolument dépourvu de craie. C'est donc uniquement de calcaires plus ou moins souillés de matières diverses que
sont formées les surfaces que j'ai réunies sous le nom de sols calcaires.

dans la région schisteuse qui s'étend de Saint-Pons à Cabrières, près Clermont-l'Hérault (Voir Carte détaillée de l'arrondissement de Saint-Pons), sont aussi formées de calcaire et composent une région toute distincte du vaste milieu qui l'enveloppe.

Sol marneux, composant sous le nom de marnes bleues (Voir le mot *Marne* dans le Vocabulaire) la plus grande partie de notre formation M de la petite Carte, M^{ol} des Cartes détaillées ; il se retrouve dans les formations plus modernes de la portion marécageuse de notre littoral, comme aussi, en surfaces plus restreintes, dans les espaces marqués de la lettre J et ceux figurant sous la notation K. Certaines parties des sols alluviaux (A) et du terrain lacustre (L) sont aussi marneuses.

Sol dolomitique ou **magnésien** (J^1d et J^2d de mes Cartes détaillées). Cette sorte de sol joue un rôle géographique important dans l'arrondissement de Montpellier en particulier, où les hachures verticales le désignent spécialement; dans l'arrondissement de Lodève, où la dolomie affecte des formes si pittoresques, comme dans la région de Mourèze ; sur une foule de points de nos causses et de nos garrigues (Saint-Maurice, Villeveyrac, Frontignan, Cournonsec, le Crès, etc.), où sa fréquence et son développement en surface pourront être tenus en compte sur une édition ultérieure de la Carte géologique. (Voir J^2d, Légende de la Carte de Montpellier.)

Sol siliceux, particulièrement formé des roches appelées Grès en lithologie, composées de grains le plus souvent siliceux et plus ou moins atténués, agglutinés par un ciment

8

généralement siliceux : les surfaces marquées sur mes Cartes GB, GR, GV , H , présentent presque exclusivement cette nature de sol. Il faut aussi y ranger la surface notée Lg dans l'arrondissement de Saint-Pons; H indique le terrain houiller qui à Graissessac , Saint-Gervais et Neffiès, nous présente ses roches universellement caractéristiques de conglomérats et de grès, enveloppant des couches subordonnées de schiste et de charbon. Parmi les sols siliceux, il faut encore ranger les surfaces marquées D sur mes Cartes détaillées et C sur la Carte réduite, dont je parlerai à propos des sols de cailloux.

Sol feldspathique et siliceux, où dominent le Feldspath et le Quartz; le Feldspath, substance minérale composée d'un très-grand nombre d'éléments simples, communique au sol des propriétés fort diverses, et par sa décomposition sous l'influence des agents atmosphériques fournit la plupart des argiles. Les surfaces marquées Gr, B, dans ma Carte réduite, et celles plus subdivisées dans mes Cartes d'arrondissement, répondant aux lettres B, π, Gr, Gn, SM, sont formées de cette sorte de sol et se distinguent les unes des autres , dans leurs propriétés agricoles, par des différences physiques, que les Gneiss, les Granites, les Pegmatites sont susceptibles de présenter, en dépit de leurs ressemblances au point de vue de la composition minéralogique.

Je devrais peut-être subdiviser le sol feldspathique et siliceux en deux catégories minéralogiques ou lithologiques : en sols *Granitiques* et sols *Basaltiques*, d'après la manière habituelle et respectivement différente dont les Granites et les Basaltes se comportent sous l'influence des agents atmosphériques et d'après la nature des éléments qu'ils sont respectivement plus aptes à fournir par leur décomposition. Les Granites, à cause du quartz qu'ils contiennent, donnent volontiers des sables, dans l'acception agricole de ce mot, à savoir : des grains plus ou moins volumineux, indélayables dans l'eau ; ils rentreraient, sous ce rapport, dans mes sols sablonneux ; la décomposition plus avancée du granite fournit des sols argileux. Les Basaltes, où la silice ne se trouve qu'à l'état de silicate, donnent des terres noirâtres, jamais sableuses et contenant de la chaux associée aux alcalis ; cette présence de la chaux suffit à donner au sol que les basaltes constituent, des propriétés qui n'appartiennent pas au sol granitique.

Les lettres Gr et B indiquent suffisamment sur mes Cartes les surfaces respectives de ces deux natures de sol.

Je n'ai pas encore les éléments nécessaires pour trancher la question de savoir si les sols porphyriques (π) et ceux de micaschiste (SM) sont susceptibles de former des sols distincts des précédents.

Sol calcaire et marneux résultant de l'association, sur unemême surface, de couches de calcaires et de couches de marnes, réclame une portion des régions M^{ol}, Ne et J avec ses différents exposants, dont nous avons déjà parlé à propos des natures de sol où dominent le calcaire et la marne. C'est que souvent l'un des associés se développe aux dépens des deux autres ; leur association se maintient parfois sur des surfaces assez étendues : les régions de Claret, les plaines de Fabrègues, de Gigean, nous offrent des exemples de cette association.

Sol calcaire et siliceux formé par un calcaire empâtant des nodules de silex. Cette nature particulière de sol constitue des horizons se trahissant le plus souvent à l'œil par une couleur rougeâtre due à certaines altérations éprouvées par les silex; ces derniers jonchent d'ordinaire le sol, dégagés qu'ils se trouvent de la masse calcaire : ce sont nos surfaces J' qui dans nos quatre arrondissements offrent ce caractère; la petite colline des Mandroux, à l'est de Montpellier, s'étendant de Castelnau vers le Crès ; toute la région de Murviel, près Montpellier, et un grand nombre de surfaces plus limitées dans les arrondissements de Lodève et de Béziers, présentent ces lits subordonnés de silex rougeâtres qui, en particulier à Murviel, expliquent la présence de châtaigniers dans un sol aux trois quarts calcaire.

Sol sablonneux, formé de la roche meuble appelée sable, répondant aux lettres S et A' de toutes mes Cartes détaillées et caractérisant la portion méridionale de l'arrondissement de Montpellier, dans sa portion géologique la plus récente (sables marins supérieurs, et dans sa partie toute moderne les sables de nos dunes qui forment le cordon littoral). Quelques surfaces J' d et J² d, dans l'intérieur du département, sont tout à fait sablonneuses, par suite de la tendance de la roche dolomitique à la pulvérisation. Quelques portions des surfaces granitiques (Gr) sont formées d'un sable grossier quartzeux provenant de la désagrégation du Granite.

Je dois ajouter que nos sables supérieurs de Montpellier, par leur nature de sables calcaréo-siliceux et à cause de la présence de minces couches d'argile intercalées dans leur partie supérieure, comme aussi par suite de bancs cailIouteux calcaires, généralement cimentés, qui les pénètrent vers le haut et les recouvrent sur beaucoup de points, donnent lieu à une grande variété de sols au point de vue de la composition minérale et de l'état physique ; ces bandes d'argile et ces assises de poudingues subordonnées se voient très-bien dans les tranchées du chemin de fer de Cette, entre Montpellier et la station de Villeneuve.

Sol de cailloux.—J'ai dit (pag. 12) que les conglomérats ne constituaient pas d'unités minéralogiques spéciales, mais simplement un état physique que toute roche était susceptible de présenter. Je ne devrais donc pas en tenir compte dans mes régions minéralogiques ; toutefois leur importance géographique, et aussi et surtout les caractères tout spéciaux qu'ils impriment aux surfaces qu'ils forment, m'imposent le devoir de les admettre au même titre que les autres roches, comme éléments de sols spéciaux ; on sait que des considérations d'état physique priment le plus souvent les conditions de composition.

Ces roches formées de fragments se rencontrent sur un grand nombre de points de l'Hérault ; je les ai pour la plupart désignées de notations particulières dans mes Cartes d'arrondissement : mes lettres L^1, GV, GR, GB, Pc, S, n'ont pas d'autre signification ; mais c'est ici plus particulièrement des roches conglomératiques, c'est-à-dire à gros fragments, qu'il est question ; les grès proprement dits, roches à éléments très-atténués, cimentés, ont formé ma catégorie des sols siliceux, ou rentreront dans mes sols de composition mixte.

Les fragments de dimension notable qui entrent dans

la composition des conglomérats sont cohérents, c'est-à-dire cimentés, et constituent les poudingues, ou incohérents, et donnent lieu aux dépôts cailloteux proprement dits. Les premiers sont compris dans L' et Pc sur mes Cartes et sont généralement calcaires ; les seconds, presque exclusivement siliceux, répondent à la lettre D des mêmes Cartes ou C de la Carte réduite, et aussi aux lettres A et A', indiquant les alluvions fluviatiles et les amas de galets de nos plages, alluvions et galets dont la nature varie avec la composition minéralogique des lieux d'où ils proviennent.

Les cailloux répondant aux lettres C et D sont presque exclusivement siliceux et forment dans notre contrée les sols connus dans le pays sous le nom de *Grès* (*Téraïré dé Grés*), terroir de gravier ; les Vignes plantées sur cette nature de sol donnent ce qu'on appelle dans le pays *Vi dé Grés,* vin d'un terrain de gravier ; nos vins de Saint-Georges se récoltent sur ce terrain.

Les cailloux répondant aux lettres A et A' se voient naturellement disposés le long de nos cours d'eau ou sur les bords de la mer : les cailloux alluviaux occupent les surfaces faiblement coloriées qui constituent dans la Carte de Lodève, en particulier au nord d'Aniane, une partie si considérable de la plaine que forme l'Hérault à son débouché immédiat des gorges de Saint-Guilhem.

Sol de composition mixte, formé par l'association de roches siliceuses, calcaires, argileuses ou marneuses ; les dépôts marqués Mm, L, R, K, nous montrent la plupart des Roches sédimentaires concourant à leur formation. R est particulièrement développé dans la région de

Saint-Chinian et dans celles de Villeveyrac et de Grabels ;
K dans les arrondissements de Béziers et de Lodève ;
L forme une bande de l'Ouest à l'Est, que des sédiments
plus récents dérobent de temps à autre à nos regards.

Il serait inutile, à la fin de cet inventaire, de faire ressortir les variétés de sols que présente notre surface
départementale. J'aurais pu joindre à cette énumération
déjà si longue les sols salés de la plage, si bien caractérisés par les plantes qui y croissent spontanément, et si
défavorables à la culture.

J'aurais pu encore chercher à grouper en régions agricoles mes régions minéralogiques du département, en me
fondant sur les propriétés plus spécialement agricoles des
divers sols que j'ai eu l'occasion de reconnaître ; il eût été
facile d'y retrouver presque toutes les natures de terres
distinguées par les agriculteurs comme douées de propriétés spéciales : les terres franches dans nos alluvions,
les terres glaises et les terres fortes dans nos régions
de marnes bleues ou de marnes lacustres et néocomien-
nes, les terres de marécages dans nos surfaces littorales,
les sables meubles et les terres de pinières dans nos sables des dunes et dans quelques-unes de nos régions où
la dolomie dominante se désagrége et se réduit en sable,
les terres légères dans nos calcaires qui se développent
d'une manière si exclusive sur quelques points ;..... mais
je n'ai pas voulu empiéter sur un domaine qui n'est pas
le mien, et je me borne à livrer mes divisions toutes lithologiques à l'attention et à la méditation de nos savants agronomes.

Si à la supputation des différents sols de l'Hérault je
joins la constatation de la présence, sur la même surface,

du plâtre en quantité considérable, du phosphate de chaux en quantité moindre, et aussi des sels divers que renferme en abondance la mer qui longe nos côtes, on reconnaîtra sans peine que la richesse de l'Hérault en ressources agricoles ne le cède en rien à sa richesse en documents géologiques ; l'établissement, près de son chef-lieu, d'une École d'agriculture est une heureuse consécration d'une situation aussi favorable, que la compétence du personnel de cette École ne peut manquer de mettre à profit pour la plus grande prospérité de notre agriculture méridionale.

VI.

Régions topographiques de l'Hérault.

Les dépôts sédimentaires ne doivent d'être sortis des eaux au sein desquelles ils se sont formés, et les Roches de fond d'avoir apparu à la surface, qu'à des mouvements de l'écorce du globe. Ces mouvements ont produit sur les surfaces affectées des inégalités proportionnées à leur énergie et à leur fréquence. Ces inégalités ont été ultérieurement modifiées par l'action des eaux extérieures, qui ont dénudé et nivelé les surfaces plus ou moins récemment émergées.

Ces trois propositions résument ce que j'ai dit (XV, pag. 51) du relief terrestre ; notre topographie départementale n'aura pas d'autre explication.

Étudiée dans ses traits les plus généraux, la topographie du département de l'Hérault nous met en face des distinctions les plus ordinaires de la géographie : plaines, collines et montagnes; on y distingue à première vue

une partie généralement déprimée, formant au Sud une
bande dirigée de l'Est à l'Ouest, comprenant la région
littorale et quelques surfaces plus septentrionales, que limi-
tent au Nord les bords sinueux de reliefs généralement
humbles, formés de plateaux surbaissés calcaires, ou de
mamelonnés plus accidentés , dans la composition desquels des calcaires, des grès et des marnes sont associés.
Plus au Nord, se trouve une région plus élevée correspondant aux causses du Larzac du côté de l'Est, et vers l'Ouest
à la région calcaréo-schisteuse de Saint-Pons. Enfin, un
massif allongé , atteignant l'altitude moyenne de 900 à
1000 m., forme au N.-O. le dernier échelon de cette série
croissante de hauteurs.

Cette première vue des principaux éléments de notre
topographie nous permet déjà d'y reconnaître quatre régions d'une altitude respectivement différente; mais une
étude aussi générale ne saurait nous suffire , elle laisse-
rait dans l'ombre bien des particularités intéressantes ; les
détails qui suivent les mettront en lumière, et avec elles
les rapports étroits qui relient la configuration actuelle
d'une surface géographique à son passé géologique.

La plus grande altitude du département atteint le chiffre de 1122 m., et s'observe non loin des sources de
l'Agout, sur la partie N.-E. du plateau de l'Espinouse; la
région méridionale descend à 0m. au niveau de la mer :
c'est donc une différence de 1122 m., sur une longueur
de 74 kil. La pente régulière serait en conséquence de
0,015, si elle était partout uniforme ; mais dans l'intervalle qui sépare les deux points extrêmes, des inégalités
s'observent qui rompent cette uniformité et donnent lieu
à des différences sensibles d'altitude, d'où résultent des

régions topographiques distinctes, ou un certain nombre de surfaces de même altitude moyenne. Les plus élevées sont situées au Nord ; la ligne séparative des eaux de l'Océan d'avec celles de la Méditerranée correspond dans l'Hérault avec la ligne des plus grands faîtes. Des sommets de 900, 1000 et 1100 m. dessinent une ligne courbe qui forme l'arête terminale d'un plateau aux parois abruptes tournées vers le Sud ; ce plateau, connu sous le nom de montagne de l'Espinouse, constitue l'extrémité orientale de la montagne Noire, dont les premières éminences se montrent à l'Ouest, entre Revel et Castelnaudary. La même ligne de faîtes se continue vers le N.-E. dans le groupe montagneux où notre Orb prend naissance, et se continue vers le Gard dans les monts Garrigues, dont le nom a perdu presque entièrement sa signification spéciale pour revêtir un sens générique : il désigne communément aujourd'hui certaines surfaces de notre région qui, comme les monts Garrigues eux-mêmes, empruntent une physionomie spéciale à leur état général de nudité, à leur nature calcaire et à leur végétation de chênes réduits aujourd'hui à l'état de broussailles, chétifs vestiges des bois épais qui jadis les recouvraient.

Le plateau de l'Espinouse correspond à la surface teintée en rose sur ma Carte réduite.

Le long de son bord méridional, parallèlement à sa direction, s'étend un massif allongé formé de schistes et de calcaires, d'une altitude moyenne de 700 m.; sa longueur atteint 80 kil.; sa largeur la plus grande, 16 kil.: c'est la surface coloriée en gris ; on y trouve Saint-Pons, Olargues, Roquebrun, Saint-Nazaire, Vailhan, Cabrières, etc. Ce massif est traversé, dans sa portion limitrophe des roches cristallines de l'Espinouse, par la route de Saint-Pons à Bédarieux, qui emprunte à ce contact de deux régions des caractères tout spéciaux de variété et de grandeur. Saint-Chinian , gracieusement situé sur sa lisière méridionale dans une dépression où les yeux rencontrent la verdure pour la première fois depuis Saint-Pons, unit en quelque sorte la montagne au bas pays. Au-delà, en effet, les niveaux décroissent brusquement : à une hauteur moyenne de 700 m. succèdent immédiatement, dans le Sud, des niveaux de 200 à 250 m. en moyenne. Un peu plus loin, dans la même direction, s'observe de nouveau une chute sensible. Puisserguier, comme Saint-Chinian, se trouve à la limite de deux régions dont la hauteur respective ne diffère pas moins de 200 m.; la surface M, teintée en jaune sur la Carte, s'abaisse insensiblement jusqu'à l'étang de Capestang et aux alluvions de l'Aude.

La zone que je viens de signaler entre Saint-Chinian et Puisserguier, coloriée en chamois foncé sur ma Carte réduite et marquée de la lettre G, semblerait se prolonger vers l'Ouest en gardant son altitude, dans un mamelonné qui descend, sans zone intermédiaire, au niveau des alluvions de l'Aude, sous Olonzac ; mais ce mamelonné appartient à une tout autre formation : c'est le district[1] à lignites et à pierres à ciment de la Caunette et d'Oupia, teinté en vert et marqué de la lettre L, que sépare du massif de Saint-Pons le causse de Minerve (n), à la surface dépouillée et aux bords si pittoresquement découpés et percés à jour, au bas desquels coule la Cesse.

---

[1] Ce district, intéressant déjà par les lignites et les calcaires à ciment qu'il renferme, offre encore cet intérêt géographique tout particulier, qu'il forme, ainsi que l'ont fait remarquer Tournal et Magnan, par son relief

Ce causse surbaissé, atteignant l'altitude moyenne de 300 m., contraste notablement avec le niveau de la région de Saint-Pons qui lui sert d'appui, et établit entre elle et le district à lignites une sorte de zone topographique intermédiaire, en sorte que cette moitié occidentale du département, à considérer ce dernier comme partagé en deux parties inégales par le cours d'eau qui lui donne son nom, présenterait du Nord au Sud cinq gradins superposés, que désigneraient suffisamment les localités de la Salvetat, de Saint-Pons, de Minerve, de la Caunette à l'Ouest et de Cébazan à l'Est, et enfin celle de Puisserguier, situées respectivement sur chacun d'eux.

Ces cinq gradins, joignant à leurs différences topographiques des caractères non moins nettement distincts au point de vue de leur composition minérale, établissent dans cette partie de l'Hérault autant de régions naturelles, qu'on pourrait, à ne considérer que leurs relations toutes locales, appeler successivement, de la plus élevée à la plus basse : région des hautes montagnes (l'Espinouse et la Salvetat 1000 m. en moyenne) ; région des basses montagnes (massif allongé de Saint-Pons à Cabrières 700 m.) ; région des hautes collines (Cébazan, la Caunette, 300 m.) ; région sublittorale ou des basses collines correspondant à la partie occidentale de la plaine de Béziers et affectant une hauteur moyenne de 50 m.; et enfin, région littorale proprement dite, celle des marais et de la plage.

Toute autre va nous apparaître la constitution de la moitié orientale.

bien accusé et dirigé du N.-E au S.-O, le prolongement direct du massif des Corbières, et en conséquence le lien matériel, à travers l'Hérault, des Pyrénées et des Cévennes, vaguement signalé par tous les géographes.

Si, à partir du Caylar, nous suivons la route qui conduit à Montpellier, et de là sur le littoral, à Palavas, nous rencontrons successivement des régimes de niveaux tout à fait contrastants et présentant ce caractère qu'au lieu de suivre un abaissement progressif, ils alternent brusquement et se succèdent sans aucune régularité. Le causse du Caylar a une hauteur moyenne de 700 m. : il semblerait donc continuer vers l'Est le massif schisteux de Saint-Pons, qui a la même altitude ; mais sa composition minéralogique et ses formes orographiques l'en séparent nettement, et en font une région naturelle tout à fait distincte. Au niveau de 700 m. succède immédiatement, et sans transition, un niveau général de 260 m.

Cette différence considérable s'accuse sur la route de Saint-Félix à Lodève par la pente rapide et les nombreux lacets de la portion comprise entre Saint-Félix et Gourgas. Elle est certainement en relation avec l'une des fractures qui ont rompu notre surface en des points si divers, et qui ont eu pour résultat principal d'abaisser toute sa partie méridionale le long de la ligne-charnière signalée déjà comme se dirigeant de Félines d'Hautpoul à Lunel. Le causse d'Arboras, placé si brusquement en contre-bas du haut plateau, s'en détache comme à l'œil, et en constitue un fragment septentrional ; les plateaux de Cournonsec, d'Aumelas, de Villeveyrac et de Poussan, coloriés en bleu et marqués d'une même lettre J dans ma Carte réduite, pourraient bien n'être eux-mêmes que des fragments, ou tout au moins des ressauts de la même masse ; mais leurs relations souterraines disparaissent, dans une grande partie de leur étendue, sous un revêtement de sédiments lacustres (L) qui s'étendent de Gignac à Sommières, et de Garumnien (G), qui forme une lanière étroite entre Vendémian et Grabels; ces surfaces lacustres et garumniennes, que la route recoupe successivement après avoir traversé le causse d'Arboras, offrent la succession immédiate de niveaux qui s'abaissent et se relèvent tour à tour, et présentent en hauteurs moyennes les chiffres alternants 260, 100, 160 et 200 m; la plaine marneuse de Lavérune et de Saussan est sise au bas du massif de Cournonterral; on descend avec elle au niveau de 45 m., mais pour remonter brusquement à l'altitude de 160 m., niveau moyen de la Gardiole, dernier fragment ou ressaut, marqué J, du haut plateau qui domine Arboras; de ces 160 m., nous retombons dans la région des basses collines formées par les sables de Montpellier, et du niveau moyen de 50 m., que ces basses collines présentent, aux quelques centimètres des marais, et enfin au zéro du littoral.

Une si grande variation dans les hauteurs établit pour la moitié orientale de l'Hérault un régime topographique bien différent de l'étagement en gradins de sa moitié occidentale : nous n'y retrouverions pas la région des hautes montagnes; celle des basses montagnes et les zones sublittorale et littorale occuperaient leur même place et leur même étendue; mais la région des hautes collines n'embrasserait plus seulement une bande géographique étroite, comme à l'Ouest : elle s'épanouirait sur une large surface occupant plus d'un tiers de la moitié orientale, à partir du nord de Montpellier jusqu'au nord d'Arboras, en contre-bas du causse de la Vacquerie.

Le contraste des portions occidentale et orientale de l'Hérault, sous le rapport topographique, s'exprime très-bien par deux Profils tracés sur chacune d'elles. J'ai fait relever ces deux profils au Dépôt de la guerre par le bienveillant intermédiaire de notre savant compatriote, le commandant Perrier, membre du Bureau des longitudes; je les donnerai dans la publication ultérieure plus technique que j'annonce dans mon préambule. Je les traduis ici en attendant.

Le Profil exécuté de la Méditerranée à la limite N.-O. du département (Voir la Carte détaillée de l'arrondissement de Saint-Pons) met en pleine lumière six zones topographiques distinctes; la plus septentrionale et la plus élevée s'étendant de la limite du département jusqu'à Olargues, où elle finit en gradins, présente successivement les cotes : 1014, 995, 920, 800, 560, 440, 360, 280 m., altitude d'Olargues. La seconde, comprise entre Olargues et le ruisseau des Escagnés, atteint la hauteur culminante de 600 m., à laquelle on s'élève par les cotes successivement ascendantes de 320, 400, 440, 480, 520 m., et de laquelle on descend graduellement par celles de 520, 320, 280 m. La troisième, très-resserrée entre ce ruisseau et celui de Berlou, n'atteint qu'une hauteur de 380 m. par des ressauts ascendants de 280, 360 m., et descend au niveau de la quatrième par les cotes de 320 et de 240 m. La quatrième, entre le ruisseau de Berlou et l'Orb, ne s'élève pas plus haut que 160 m. La cinquième, entre l'Orb et Quarante, présente trois ondulations qui offrent tour à tour les hauteurs de 120 et de 60 m. Enfin la sixième, comprenant tout l'espace qui sépare Quarante de la mer, s'abaisse insensiblement de la cote 30 à 0, mais présente un ressaut de 70 m., correspondant à la butte de Béziers. Ce ressaut pourrait bien ne pas se trouver sans rapport avec la fracture et la dénivellation dont j'ai constaté les traces dans l'une des rues de cette ville. (Voir pag. 69.)

La portion orientale profilée suivant une ligne passant par Montpellier, Saint-Gély, Montloux, le Roc Blanc et le pic d'Angeau (Voir la Carte détaillée de l'arrondissement de Montpellier) offre de tout autres allures ; elle commence par montrer des niveaux successivement et constamment croissants de Montpellier (église Saint-Pierre 32 m.) à Saint-Gély (256 m.), par les hauteurs intermédiaires de 131, 151, 185 m.; puis une légère ondulation du sol à partir de Saint-Gély présente successivement les cotes 250, 280, 290, 210, 230, 250, 290 m. Des altitudes plus accentuées que les précédentes se montrent.à partir de ce point jusqu'au signal de Montloux (487 m.), au nord duquel une chute rapide précipite le sol jusqu'au lit de l'Hérault (95 m.) ; il remonte insensiblement jusqu'à 290 m. pour retomber à 160, et s'élever à nouveau et brusquement jusqu'à la cote 943, altitude du sommet le plus élevé de la Sérane , dit le Roc Blanc. Cette hauteur ne se soutient pas et est de nouveau bientôt suivie d'une chute profonde : de la cote 943, le sol s'abaisse à celle de 182 (thalweg de la Vis), distante du sommet du Roc Blanc de $2^k,300$, ce qui donne l'énorme pente 0,33 au revers nord de la Sérane , celle du revers sud étant de 0,31. Du thalweg de la Vis, le sol se relève pour former un bombement qui atteint 840 m., retombe ensuite à 390 m., et s'élève de là brusquement au chiffre de 900 m. (le pic d'Angeau), par la pente excessive de 0,53.

Ces allures topographiques si heurtées, rapprochées de la composition minérale du sol qui les présente, dénotent la réalité de grandes fractures qui ont, dans cette partie de l'Hérault, porté à des niveaux très-différents les portions disloquées de terrains préalablement continus ; en même temps, la raideur si remarquable des pentes suffit pour révéler la présence de roches calcaires dont elle est en quelque sorte l'apanage.

Des discordances tout aussi notables se constateraient si, au lieu de considérer, comme je viens de le faire, les deux moitiés du département isolément et sans tenir compte des terrains qui les forment, je reliais entre eux, des deux côtés de l'Hérault, les dépôts du même âge, et, me conformant à leur direction générale, je poursuivais vers l'Est chacune des bandes juxtaposées dans la moitié occidentale : les deux premières, celle des granites et des gneiss de l'Espinouse et celle des schistes et des calcaires du massif de Saint-Pons, n'ont pas leurs correspondantes dans la moitié orientale ; elles y cèdent la place à la région des causses de la Vacquerie et de Saint-Maurice ; celle de Minerve se termine aussi dans la partie occidentale. La bande garumnienne, qui atteint 220 m. de hauteur moyenne dans l'Ouest, se retrouve à l'Est avec une altitude de 160 m. seulement. La bande lacustre (L) de la Caunette et d'Oupia, disparue un moment sous la nappe des marnes bleues (M), reparaît à Gignac pour se continuer sans presque s'interrompre jusqu'à Lunel. Son niveau est de 220 m. à l'Ouest ; il est de 100 m. seulement à l'Est, différence plus sensible que celle qu'a offerte la bande garumnienne de l'un et de l'autre côté de l'Hérault, mais différence dans le même sens, l'altitude moindre étant orientale. Nous observons tout à côté un régime de choses absolument contraire : tandis qu'à l'Ouest s'étend une vaste surface composée de marnes bleues et affectant le modeste niveau de 50 m. en moyenne, nous trouvons à l'Est, non plus son prolongement, mais le régime si différent du Jurassique (J) de Cournonsec et du Garumnien (G) de Montagnac, atteignant, le premier l'altitude de 260 m., le second celle de 100 m. Leur absence à l'Ouest n'est qu'apparente ; ils y sont recouverts par les marnes bleues : ils y ont donc été assez profondément abaissés pour que la surface recouvrante ne s'élève pas à plus de 50 m. ; de plus, si nous en jugeons par la Légende de la Carte et par la continuité probable des dépôts à si courte distance, cette surface, si peu élevée, doit encore envelopper tous les sédiments lacustres de la Caunette et d'Oupia, témoignage irrécusable d'une chute intérieure bien autrement profonde que celles dont nous avons pu recueillir les traces sur le sol.

D'une manière générale, on peut donc affirmer que la moitié orientale de l'Hérault présente la particularité remarquable d'offrir des niveaux sensiblement plus bas que la moitié occidentale dans la portion située au nord de ma ligne-charnière, et, au contraire, un relief moyen beaucoup plus élevé, au sud de la même ligne. Ce dernier fait d'abaissement, si considérable du côté Ouest, expliquerait les différences que présente le dépôt M dans sa distribution géographique dans les deux moitiés de l'Hérault ; sa grande étendue à l'Ouest, sa circonscription plus limitée à l'Est, seraient naturellement en harmonie avec les inégalités du sous-sol établies antérieurement à sa formation. La vaste dépression occidentale s'exprimerait par l'étendue des comblements : les découpures d'un sous-sol surélevé à l'Est se reproduiraient dans la disposition sous

forme de détroits ou de fiords qu'y présentent les mêmes
sédiments. Cette configuration si particulière d'un dépôt
de la période moyenne de l'époque tertiaire confirme les
dates relatives que j'ai cru pouvoir assigner (pag. 111)
aux mouvements du sol qui ont le plus profondément
affecté notre territoire.

De pareils contrastes, des juxtapositions de terrains
dans des situations si discordantes, ne sont qu'une des
mille manifestations de cette activité dynamique du globe
dont la réalité est plus aisée à saisir que les procédés.
S'il me paraît imprudent de chercher, dans les limites si
étroites de notre département, à généraliser et à systéma-
tiser des événements de cette portée, il ne m'a pas paru
inopportun de mettre en relief un pareil ordre de faits,
que de plus heureux pourront un jour coordonner au
profit de l'histoire de notre planète.

On peut se demander s'il existe une relation entre la
topographie du sol et l'âge des terrains qui le composent ;
à priori, ces deux éléments d'une même surface géographique semblent devoir être absolument indépendants.
La mobilité de l'écorce du globe n'est pas l'apanage d'une
époque en particulier, elle est de tous les instants ; si,
d'une manière générale, on doit s'attendre (ce que du
reste les faits justifient) à des effets d'autant plus énergiques que les mouvements sont plus récents et ont pu,
par conséquent, affecter des dépôts de plus fraîche date,
on observe néanmoins très-souvent que des différences
d'altitude correspondent assez bien à des différences
d'âge dans les terrains pour en marquer les falaises qui
auraient subsisté après le retrait des eaux.

Les cinq gradins qui s'observent dans la moitié occidentale du département (Voir pag. 128) reproduisent si bien dans leur position relative l'ordre des temps dans lesquels les dépôts qui les constituent ont été formés, qu'ils impliquent, par leur existence même, la notion d'une récurrence sur la même surface de phénomènes dynamiques consistant en mouvement d'exhaussement dans les régions septentrionales ou d'abaissement vers le Sud. Les lignes de séparation que nous traçons aujourd'hui peuvent bien ne pas coïncider exactement avec les lignes primitives et avoir un peu reculé au Sud ; les gradins successifs peuvent avoir dans l'origine empiété plus avant les uns sur les autres. J'ai dit ailleurs (pag. 53) les difficultés que l'on éprouvait à retrouver la place précise des anciens bords ; cependant, il est plus que probable que les eaux où se sont accumulés les matériaux des schistes et des calcaires de Saint-Pons, que celles, tout au moins, qui ont nourri les alvéolines de Minerve et aussi celles au sein desquelles se sont déposés les végétaux des lignites de la Caunette, ont successivement déferlé non loin des bords que leurs couleurs respectives semblent leur assigner sur la Carte réduite.

Cette conformité géographique de l'état des choses d'autrefois avec nos limites géologiques actuelles ne saurait faire l'objet d'un doute, tout au moins pour ce qui concerne les rivages de la mer où se sont formés le calcaire moellon et les marnes bleues (surface jaune M) ; la ligne qui les dessine sur la Carte s'accompagne, sur le terrain, de témoins nombreux de l'ancien littoral entre lesquels se distingue la présence irrécusable de coquilles lithophages, qui, à l'exemple des pholades au pied des rochers de Cette, ont rongé et troué profondément la pierre de la falaise. On en retrouve les traces jusques aux bords les plus élevés vers le Nord, sous le Barry, près de Montpeyroux ; ces témoignages d'ancien littoral sanctionnent à nouveau les dates que j'ai attribuées à la formation des traits les plus caractéristiques du relief de notre surface. (Voir pag. 111.)

La disposition en gradins parallèles et décroissant en hauteur, comme les terrains eux-mêmes qui les forment, en ancienneté, caractérise donc la double physionomie topographique et géologique de cette partie occidentale de l'Hérault ; une pareille harmonie sera naturellement absente de la moitié orientale, où les altitudes ne décroissent plus conformément à l'ordre ascendant (pag. 66) des dépôts. Ici éclate de tous côtés le caractère d'indépendance entre les manifestations de la mobilité de l'écorce du globe et les considérations d'époques ou de périodes, indépendance que la logique d'une part, et d'autre part mille exemples empruntés à d'autres régions, concourent à consacrer.

Je place ici quelques considérations hydrologiques sur le département de l'Hérault qui me paraissent dans une étroite harmonie avec les différents traits de sa constitution lithologique et de l'allure stratigraphique des terrains qui le composent.

VII.

Régime Hydrologique du département de l'Hérault.

Le régime hydrologique d'une surface géographique ou l'ensemble des circonstances qui ont trait à la circulation des eaux superficielles et à celle des eaux profondes dans un département, dépend de quatre conditions principales : le régime des pluies, la composition minéralogique du sol, son relief, et enfin sa stratigraphie ou la manière dont les couches qui le composent sont agencées entre elles et orientées par rapport à l'horizon. Il ne m'appartient pas de m'étendre sur la première ; je me borne à rappeler que les pluies, dans l'Hérault, sont courtes et abondantes[1], c'est-à-dire qu'elles ont très-souvent un caractère torrentiel, et je m'arrête plus volontiers sur les trois dernières. Or, je trouve dans la nature des matériaux qui forment la charpente minérale du département de l'Hérault, dans leur association et dans leur manière d'être à la surface du sol, des traits qui suffisent pour faire comprendre et même prévoir son régime hydrologique.

L'eau atmosphérique tombe sous forme de pluie à la surface de nos continents, y ruisselle et donne lieu aux cours d'eau, qui après avoir drainé le sol se rendent à la mer ; mais toute l'eau tombée n'y arrive pas, du moins par la surface ; l'estimation faite pour tous les cours d'eau, grands et petits, réduit à une proportion très-minime

---

[1] Voir Comité météorologique de l'Ouest méditerranéen. (*Bullet. du département de l'Hérault*, 1874, pag. 76.)

la portion d'une chute d'eau qui alimente la circulation à la surface ; l'évaporation en restitue une certaine part à l'atmosphère ; la plus grande portion, incontestablement, pénètre dans le sol et émerge sous forme de sources, après un cours souterrain plus ou moins long, plus ou moins facile, et dont les conditions intérieures retentissent d'ailleurs sur le mode dont les eaux émergent.

En conséquence, nous ne devons pas nous attendre à retrouver par le jaugeage des eaux superficielles une quantité équivalente à celle fournie par les pluies ; cette disproportion sera naturellement d'autant plus forte que le soleil aura plus de puissance d'évaporation et que le sol aura fourni aux eaux tombées des conditions plus favorables à la pénétration ; de là, d'après la nature du sol (les conditions d'évaporation pouvant être admises comme à peu près uniformes sur une même surface départementale), des régions tout à fait dissemblables sous le rapport de la quantité des eaux superficielles. A la question de nature se rattache en effet étroitement, pour les matériaux terrestres, celle de leur texture plus ou moins compacte, c'est-à-dire à mailles plus ou moins serrées, de nature à offrir des méats plus ou moins ouverts au passage des eaux courantes.

Sous ce rapport, nos dix-huit Roches départementales (Voir pag. 88) sont susceptibles de former deux groupes très-distincts : d'une part, des Roches imperméables, comme les granites, les schistes, les argiles, les marnes ; de l'autre, des matériaux perméables, les calcaires, les conglomérats, les grès et les sables. Parmi les roches perméables, les calcaires offrent cette particularité spéciale, qu'indépendamment de leurs pores ou méats toujours

béants, ils présentent quelquefois, à leur surface, de vastes
ouvertures résultant le plus souvent d'effondrements (le
Cros de Miége), plus fréquemment des trous plus ou
moins spacieux appelés évents ou boit-tout ; ou encore
des fissures plus ou moins étroites qui se prolongent bien
avant dans leur intérieur et aboutissent à de larges cavités
susceptibles de fournir aux eaux des bassins de réception.
Ces bassins communiquent avec l'extérieur par des ca-
naux plus ou moins sinueux, et donnent un écoulement
d'eau en disproportion avec les conditions météorologiques et pluviométriques du lieu d'émergence (source du
Lez) ; or, les calcaires occupent, on le sait, des surfaces
extrêmement étendues dans notre département : les portions de la Carte réduite (Pl. X) coloriées en bleu ou en
brun sale et marquées J et n, en sont formées ; d'autre
part, les granites, les gneiss et les schistes micacés et argileux (Gr et Sc), roches imperméables, constituent une
grande partie de nos régions occidentales ; les marnes de
la mollasse, M de la Carte réduite, M^{ol} des Cartes détaillées, sont très-étendues dans le Sud. Nous retrouvons
donc dans l'Hérault, au point de vue hydrologique, des
contrastes non moins frappants que ceux que j'ai con-
statés au point de vue du relief : d'un côté, des régions à
roches imperméables, à cours d'eau superficiels nombreux (région granito-gneissique de l'Espinouse, région
schisteuse de Saint-Pons et de Saint-Chinian) ; de l'autre,
des régions à roches perméables, à cours d'eau rares et
éphémères, mais en revanche à sources copieuses (régions
calcaires de Saint-Pons, du Larzac et les différents massifs
calcaires que j'ai considérés (pag. 129) comme autant de
fragments ou de ressauts du grand massif du Larzac), et

aussi les régions du cailloutis (C), des sables marins (S), des alluvions (A) et des dunes (A').

Entre ces deux sortes de régimes si opposés, j'en relève un troisième tenant en quelque sorte le milieu entre les deux autres et offrant cette circonstance qu'il est constitué par des roches non plus exclusivement perméables ou imperméables, mais alternativement pourvues de qualités contraires et présentant, par suite, des conditions toutes nouvelles pour la circulation et l'émergence des eaux profondes : ce ne seront plus des écoulements superficiels ou profonds d'eaux abondantes, mais de vraies couches aqueuses régulières intercalées entre les strates superposées, soumises à la condition d'étendue et de continuité de ces dernières, et en relation d'abondance et de durée avec leur degré de perméabilité, leur aire géographique et leur épaisseur.

Ce régime nouveau se trouve réalisé dans les terrains ou groupes lithologiques marqués dans la Légende de ma Carte réduite des lettres Tr (triasique), L (lacustre), G (garumnien), B (basalte et tuffa), S (sables marins), où nous voyons des calcaires alterner avec des marnes, des sables superposés à des argiles, des basaltes à nombreuses fissures recouvrant des tuffas argileux ; marnes, argiles, tuffas arrêtent les eaux infiltrées à travers les roches recouvrantes, et déterminent leur cours et leur émergence au gré de leur pente et de leur niveau.

J'ai dit plus haut que l'allure stratigraphique des couches pouvait offrir des conditions nouvelles de pénétration ; on comprend en effet que des couches horizontales n'absorbent l'eau que par leur surface ; des couches inclinées présentent à la pénétration des eaux, indépendamment de

leurs portions non recouvertes, leurs extrémités plus ou
moins relevées, situation singulièrement propice à l'ali-
mentation des eaux profondes, à cause des joints et des
vides qui séparent les couches les unes des autres. Une
autre circonstance fréquente et dont ordinairement on
ne tient pas assez compte, c'est que ces couches inclinées servent souvent de lit à un cours d'eau, et que de
plus elles s'inclinent, comme le cours d'eau lui-même,
d'amont en aval. Il ne saurait en résulter, on le comprend, que des facilités nouvelles à la pénétration dans
le sol de volumes d'eau souvent considérables. Or ,
cette double circonstance constitue précisément le fait
normal de notre stratigraphie départementale : le relief
général S.-O. N.-E. de l'Hérault imprime à la plupart de
ses cours d'eau une direction à peu près perpendiculaire,
en sorte que strates et courants se dirigent vers le Sud et
le Sud-Est. Faudra-t-il nous étonner, après ce relevé de
tant de causes réunies, de constater un débit si réduit de
nos eaux superficielles, rendues déjà si rares par le caractère de nos pluies et par l'intensité de l'évaporation sur nos
surfaces dépourvues de végétation ?

Je pourrais entrer dans une analyse plus minutieuse des
divers faits afférents à ce même sujet que m'offriraient la
composition minérale et la stratigraphie du département :
montrer par exemple les conséquences du mode de gise-
ment de notre calcaire moellon (M de la Carte réduite,
M^{ol} des Cartes détaillées), de son horizontalité et aussi de
sa texture à mailles serrées sur le niveau ordinaire ; l'exi-
guïté générale et la continuité de l'écoulement des eaux
qui en sortent ; je pourrais mettre en relief la richesse en
eau de nos sables marins, qui comme une éponge se satu-

rent d'eau et la laissent s'écouler grâce à des lits accidentels d'argile ou de sable plus concrété qu'ils contiennent , et surtout grâce au dépôt imperméable qui les supporte (marnes bleues, M de la Carte réduite) ; enfin j'indiquerais encore la circonstance toute particulière de la présence, au milieu de nos dépôts jurassiques, de deux couches régulières d'argile, l'une au niveau du Lias supérieur (J des Cartes détaillées), l'autre à celui de l'Oolithe (J') sur les flancs de notre Larzac et plus près de nous à Murviel, donnant des sources abondantes... Je m'en tiens, dans cette Notice, à ce rapide exposé, et n'ajoute plus qu'un mot sur la question si intéressante des eaux profondes jaillissantes, plus spécialement appelées artésiennes.

On connaît les conditions diverses auxquelles doit satisfaire une eau pour jaillir au-dessus du sol : présence de surfaces d'absorption ; nature perméable des couches permettant la circulation intérieure; support de ces dernières par une couche imperméable susceptible d'arrêter les eaux absorbées; infériorité topographique du lieu d'émergence par rapport au lieu de pénétration; absence de solution de continuité entre les deux : tels sont les éléments indispensables à l'établissement naturel ou artificiel d'une fontaine jaillissante. C'est dans la nature, dans la disposition et l'agencement des matériaux constitutifs d'un pays, que ces conditions devront trouver leur réalisation.

On comprend *à priori* que la coexistence d'un si grand nombre de circonstances favorables ne s'observe pas partout; or, il se trouve que tandis que, d'une manière générale, dans le nord et l'est de la France, les couches de terrain présentent une constitution, des relèvements et une continuité tout à fait propices aux forages artésiens, dans le Midi l'agencement moins heureusement ménagé des matériaux perméables et des matériaux imperméables, la variation très-fréquente dans le degré et le sens des inclinaisons, la prédominance des roches calcaires et surtout l'extrême fréquence des solutions de continuité, s'opposent à ce mode d'utilisation des eaux profondes.

Le département de l'Hérault nous offre un type de ces conditions fâcheuses. Il nous suffira, pour le prouver, de rappeler le développement exclusif des calcaires dans un grand nombre de nos régions, celui de conditions toutes contraires dans d'autres (marnes, argiles et autres roches imperméables), de rappeler surtout les cas de fractures et de ruptures dont j'ai dit que l'Hérault présentait de si fréquents exemples, pour comprendre à priori que nous devions être à peu près entièrement déshérités des avantages des eaux jaillissantes.

J'entends ici parler de notre région continentale, car notre littoral trouve dans sa situation même et dans quelques autres circonstances une plus heureuse fortune à cet endroit.

J'ai dit plus haut que les couches de nos terrains pendaient d'une manière générale vers la mer; c'est un premier fait favorable comme pouvant donner lieu à de nombreuses nappes d'eau dans le sous-sol de cette région; j'ajoute qu'il existe non loin de la mer une surface recouverte de cailloux incohérents (C de la Carte réduite, D des Cartes détaillées); c'est une seconde circonstance heureuse que la présence d'une vaste surface d'absorption pour les eaux atmosphériques. Le voisinage de la mer en offre une troisième qui n'est pas moins avantageuse : la proximité de la surface d'absorption d'avec le lieu d'émergence conjure en quelque sorte les solutions de continuité, si préjudiciables sur notre sol au parcours étendu des eaux intérieures. Enfin, et comme couronnement à ces dispositions favorables, la mer elle-même, par le poids spécifique de ses eaux, vient opposer comme une barrière à l'écoulement des eaux continentales, de densité moindre, et les retient comme à la merci de nos recherches.

C'est à toutes ces conditions réunies que notre région littorale (Villeneuve-lès-Béziers, Cers, Preignes, Agde, le Bagnas, etc.) doit l'avantage inestimable de ses eaux artésiennes, auquel ne saurait participer notre portion continentale, trop exclusivement imperméable ou perméable suivant les régions, fracturée en tout sens, dans laquelle on ne saurait en conséquence compter que sur la réunion toute locale et tout accidentelle de conditions plus avantageuses, que la science pourra toujours expliquer, mais non prévoir.

VIII.

Conséquences économiques de la composition minérale et de la constitution topographique de l'Hérault.

Il serait aujourd'hui superflu de chercher à établir combien les conditions météorologiques, le régime des cultures d'une surface géographique, et j'ajouterai, certains faits de son histoire politique, dépendent étroitement de sa composition minérale et de son relief. La réalité de ces relations trouverait sa confirmation sur chaque point de notre département.

Au point de vue de la météorologie, nous verrions, après tant d'autres observateurs, les hauteurs si localisées de notre Sommail et de notre Espinouse déterminer, dès leur entrée sur notre sol, la précipitation des eaux venues de l'Océan, épuiser au détriment du reste du pays ces sources d'une humidité bienfaisante, et donner lieu ainsi à deux régions bien distinctes par leur climat : l'une humide, favorable aux prairies naturelles, dont elle garde en quelque sorte le monopole ; l'autre, caractérisée par une température très-élevée et un état ordinaire de sécheresse.

Au point de vue des cultures, les conditions chaudes et sèches devaient nécessairement y limiter les genres de produits, et cette limitation créer, dans la majeure partie de notre territoire, des causes de développement exceptionnel pour les produits favorisés. Les quinze millions d'hectolitres de vin que nous recueillions naguère, et qui

constituent le quart ou le cinquième de la production totale
des vignobles français, le prouvent surabondamment.

Au point de vue historique, l'uniformité de notre région basse, sa fusion avec les plaines de l'Ouest, sa situation littorale, l'heureuse disposition de quelques-uns des
points de ses côtes, expliqueraient sa solidarité avec les
bas pays occidentaux et la prospérité de son commerce
d'autrefois.

Ces mêmes conditions de composition minérale et
de relief nous livreraient encore le secret de la variété
de notre flore départementale, que devaient naturellement
provoquer la diversité des régions naturelles que nous
avons reconnues, et aussi le double caractère continental
et maritime du sol qui la porte.

Nous y trouverions encore l'explication de bien d'autres
harmonies, comme celle des sortes spéciales d'industrie
de certaines de nos régions : l'élevage des troupeaux, la
fabrication des fromages sur nos plateaux calcaires en rapport avec leur nature et leur altitude.... Mais je ne veux
pas empiéter sur un domaine qui n'est pas le mien, et
qui est si heureusement exploité par quelques-uns de mes
compatriotes. Je me contente d'affirmer son étroite dépendance d'avec celui que j'ai plus particulièrement mission
d'étudier, et je me borne à présenter comme une suffi-
sante expression de toutes ces résultantes, le tableau de la
physionomie agronomique de notre département, dressé
par notre savant agronome, M. Henri Marès.

Surface du département : 625,647 hect.

		Vignes......................		190,000 hect.
SURFACE cultivée 300,297 h.	**TERRES labourables**	Blé............... 25,000ʰ Avoine........... 10,000 Orge et seigle..... 2,000 Prairies artificielles (luzerne, sainfoin et trèfle)......... 20,000 Pommes de terre... 5,000 Légumes secs...... 1,500 Jachères.......... 27,000		90,500 —
		Prés (prairies naturelles)....		12,773 —
		Olivettes..................		5,024 —
		Mûriers..........		2,000 —
SURFACE non cultivée 325,350 h.	**PRÉS et dépaissances**	Bois (chênes-verts principalement)... 79,357 Châtaigneraies...... 16,420 Landes et pâtis.... Montagnes incult.. } 194,771		290,548 —
	SURFACES non cultivées et non aménagées.	Étangs........ ..... 11,713 Rivières et lacs..... 7,904 Routes et chemins.. 9,661 Canaux de navigation 518 Propriétés bâties... 1,425 Terres diverses (rochers).......... 3,581		34,802 —

625,647 hect.

IX.

Essai d'une Histoire de la formation progressive du sol de l'Hérault,

ou

Essai de Géographie départementale rétrospective.

Les Ères ignée et ignéo-aqueuse, toutes deux antérieures à l'établissement de la vie sur le globe, se trouvent représentées dans la région N.-O. du département,
qui fait partie des arrondissements de Saint-Pons et de
Béziers ; de ces Ères datent les matériaux qui constituent
la chaîne de la montagne Noire, laquelle, comme je l'ai
dit, se prolonge et se termine dans l'Hérault aux bains de
Lamalou, près de Bédarieux. Une dorsale granitique y court
de l'Est à l'Ouest, flanquée au Nord et au Sud de gneiss,
de micaschiste et de schiste quartzeux. La montagne de
Caroux, qui se dresse au N.-O. de Lamalou à une hauteur
de 1093 m., nous offre de magnifiques exemplaires des
roches appelées Gneiss, Pegmatite et Micaschiste ; son
sommet est en forme de large plateau d'où l'on découvre,
pour le plus grand charme du touriste et le plus grand
profit du Géologue, une vaste étendue du département ;
très-facilement accessible du côté de Douch, elle présente
vers le Sud un abrupt escarpé, et vers l'Ouest d'immenses déchirures, précipices sans fond aux flancs desquels on s'étonne d'apercevoir quelques rares habitations
humaines.

Contre cette extrémité de la montagne Noire ainsi
constituée et marquée dans ma Carte réduite des lettres Gr,
et sur mes Cartes détaillées des lettres Gr, Gn, Sm, s'ap-

puient d'autres matériaux désignés des lettres Sc sur la
Carte réduite, M sur les Cartes détaillées, lesquels se distinguent des premiers par une structure moins cristalline ;
on n'y voit plus de grains miroitants, de paillettes brillantes, resplendissantes au soleil ; la couleur générale est
plus terne, la texture plus argileuse ; ce sont des schistes
plus ou moins secs, fournissant des ardoises grossières
et des calcaires généralement compactes, quelques-uns
blancs et saccharoïdes, d'autres diversement colorés,
exploités comme marbres dans quelques localités. A cette
différence, tirée de la nature et des caractères physiques,
s'en joint une autre d'un ordre supérieur : ces roches
contiennent des débris organiques dont la forme rappelle
les organismes vivant dans la mer, et dont les espèces se
rapportent aux premières manifestations de la vie sur le
globe.

Le globe était alors à son époque primaire ; les dépôts
succédaient aux dépôts, et la vie, qui avait commencé
pour ne plus s'interrompre à travers les âges, marquait de
son empreinte les matériaux qui s'accumulaient ; les conditions de haute mer continuaient de présider au grand
travail de la sédimentation : Crustacés connus sous le nom
de trilobites, Mollusques des eaux salées, Poissons, Polypiers, animaient de leurs générations successives ces
temps océaniques. C'est ainsi qu'aujourd'hui même, au
fond de nos eaux salées actuelles, les vases, les matières
détritiques entraînées par les fleuves, se déposent et enveloppent les dépouilles des animaux qui meurent.

Tout continuait ainsi d'une manière uniforme, lorsque,
à la fin des périodes silurienne et devonienne, des conditions nouvelles vinrent à s'établir.

Une végétation analogue à celle de la tourbe, accompagnée de fougères arborescentes et rappelant celle de quelques-unes de nos régions chaudes et humides, prit possession du globe et forma de ses débris longuement accumulés les amas considérables de charbon qui, sous le nom de houille, sont devenus l'âme de notre industrie ; en même temps, un régime d'eaux superficielles et torrentielles alternait avec ces longues périodes de végétation. Nous trouvons des représentants de ces dépôts au nord de Saint-Gervais, dans une bande étroite (H) commençant au Bousquet d'Orb et se prolongeant dans le Tarn ; nos richesses charbonneuses de Graissessac datent de ce moment ; nous les retrouvons à Neffiès, près de Roujan.

Notre département était à cette époque sorti peut-être tout entier du sein de la mer, et formait une vaste région tourbeuse dont la végétation et les inondations limoneuses et cailloureuses recouvraient tour à tour le sol.

Quoi qu'il en soit, la mer vint plus tard reprendre son domaine et ne respecta plus que les parties septentrionale et moyenne des arrondissements de Saint-Pons et de Béziers ; deux lignes, dont l'une se dirigerait de la localité d'Hautpoul, située au nord-ouest d'Olonzac, vers Péret, au sud de Clermont-l'Hérault, et l'autre joindrait Péret à Rocosels, à la limite de l'Aveyron, formeraient un angle dont l'ouverture correspondrait approximativement à la portion de notre département émergée dès la fin de l'époque primaire et demeurée depuis lors continentale.

A ce moment, l'ensemble des animaux de l'époque primaire commence à disparaître. Des sédiments schisteux succèdent aux roches détritiques qui enveloppent les couches de charbon ; des sources ferrugineuses teignent d'une couleur rougeâtre les dépôts nouveaux qui se forment; des types organiques coexistent qui semblent annoncer le déclin d'un monde vieilli et l'aurore d'un nouvel ordre de choses. Bientôt l'évolution organique se complète; des reptiles monstrueux prennent pour longtemps possession de la surface du globe, et avec eux les représentants des familles, aux formes si variées, des Ammonites et des Bélemnites. L'époque secondaire succédait à l'époque primaire.

Les schistes et les calcaires des premiers temps sont remplacés par des sédiments de nature différente, dont les dépôts détritiques, contemporains de la houille, semblent être les précurseurs: argiles, marnes, calcaires généralement marneux, grès, poudingues, plus rarement sables, tel est le régime lithologique nouveau qui caractérise les premiers dépôts secondaires.

Parcourons le sol aujourd'hui asséché de la mer, dont nous avons indiqué plus haut les contours; examinons les roches qui constituent à peu près tout l'arrondissement de Lodève et la moitié septentrionale de celui de Montpellier: nous constaterons partout cette succession de matériaux essentiellement sédimentaires dont les bancs, et les joints, et les nombreux débris organiques qu'ils renferment, nous décèleront plus nettement que tous ceux qui les ont précédés l'intervention de l'élément aqueux.

Nous verrons d'abord, surtout dans les environs de Lodève, des roches infiniment variées de couleurs, contrastant par leur variété même et la délicatesse de leurs nuances avec la teinte uniforme rougeâtre si particulière des schistes de Rabieux, d'Octon et de Cartels, marqués de la lettre P dans la Carte réduite; les nouvelles roches, présentant toutes les nuances de l'arc-en-ciel et fournissant des matériaux pour pierres de construction et meules de moulin, constituent généralement des bordures étroites en dessous d'abrupts formés d'une roche plus homogène et plus terne et nettement stratifiée; grâce aux cassures opérées dans le massif du Larzac, qu'elles supportent, elles apparaissent au jour au fond des vallées profondes qui irradient autour de Lodève vers le Caylar et vers Lunas; ces sortes de dépôts sont désignées dans la Carte par les lettres Tr.

Bien moins variés de couleurs et de nature sont ceux qu'ont vus se former dans notre département les périodes suivantes; le plateau du Caylar, la chaîne de la Sérane qui commence à Cazilhac, près de Ganges, et va comme se fondre dans le plateau de la Vacquerie ; les massifs du Saint-Loup, du bois de Valène et de Cournonterral ; nos garrigues plus humbles de la Valette et du Crès ; la petite chaîne de la Gardiole, qui part de Villeneuve et se termine à la montagne de Cette, après une solution de continuité où se loge une portion de l'étang de Thau, ne sont autre chose qu'une masse presque exclusivement calcaire déposée durant l'époque secondaire, sortie, depuis, du sein des eaux, mais découpée en fragments par suite de dislocations, et qui par ses caractères dénote, comme ayant régné durant tout le temps de son dépôt, un ensemble de phénomènes remarquablement calmes et uniformes. Les dépôts de cet âge portent la lettre J dans ma Carte réduite, et la même lettre affectée de divers exposants dans mes Cartes détaillées.

L'orographie générale trahit à elle seule ces différences de composition; rapprochez le mamelonné des montagnes granitiques et schisteuses de Saint-Pons et de Saint-Gervais, aux crêtes aiguës, aux pentes ébouleuses, aux dépressions irrégulières, souvent profondément ravinées, des formes tabulaires des montagnes calcaires du nord de Lodève et de Montpellier, aux bords abrupts, aux contours arrêtés, aux parois verticales, aux vallées étroites : vous serez frappé du contraste que la végétation spontanée vient encore accentuer ; le sol facilement mouillé des premières, grâce à des conditions météorologiques spéciales, se tapisse de gazon, se revêt de bruyère; l'eau y serpente et y circule par mille conduits ; le calcaire, au contraire, tout à fait perméable, absorbe l'eau qui s'infiltre au travers de ses mille fissures; la roche est toujours nue, impitoyablement lavée et dénudée par les pluies, impitoyablement brûlée par le soleil.

C'est ainsi que tout se tient dans la nature, et qu'une étroite solidarité relie les moindres détails de structure des différentes parties de notre globe; ajoutons à regret que l'homme semble se plaire à exagérer ces oppositions et à aggraver la rigueur des éléments, en dépouillant le sol du seul abri efficace que des bois touffus opposeraient à leurs effets destructeurs.

Des traits tout aussi frappants se retrouvent dans la structure et la composition, non moins que dans le caractère organique des dépôts qui se sont formés durant l'époque tertiaire; après la disparition de la dernière ammonite, un monde nouveau s'est peu à peu établi à la surface du globe : c'est le règne des mammifères qui commence : ces représentants des vertébrés les plus élevés dans l'échelle zoologique prennent, à partir de ce moment, un développement en disproportion avec leurs rares précurseurs des époques antérieures ; en même temps, de grandes masses d'eau douce, bien autrement considérables que celles des temps primaire et secondaire, s'établissent à la surface de la terre, donnant lieu sur de grandes étendues à un régime de choses qui rappelle à certains égards la constitution actuelle de l'Amérique du Nord, aux vastes lacs, vrais océans d'eau douce.

Le globe se partage dès-lors, comme aujourd'hui, en mers, terres et lacs, et les animaux et les végétaux, de leur côté, tendent à revêtir des physionomies qui semblent annoncer des formes organiques contemporaines.

Il y a plus : sur un même point géographique, on a pu reconnaître la succession et le retour de milieux tout différents, et des dépôts lacustres ont été trouvés recouvrant des dépôts de mer et à leur tour recouverts de sédiments exclusivement marins, preuves irrécusables de mouvements du sol en des sens divers qui ont radicalement changé en divers temps le rôle géographique d'une même surface. (X, pag. 34.)

Ma Carte réduite trace les contours de ces bassins de nature différente qui se sont tour à tour établis dans notre département. Reprenons la ligne que nous avons menée de la petite localité d'Hautpoul à celle de Péret ; prolongeons-la vers le Nord jusques au Bosc, à l'est de Lodève ; joignons par une courbe sinueuse les lieux dits le Bosc, Arboras, Puéchabon, Argelliers, Vailhauquès, Saugras, Murles, les Matelles, Prades, Saint-Bauzille, Clapiers, Buzignargues et Garrigues : nous aurons divisé notre département en deux moitiés irrégulières dont la plus septentrionale constituait, à l'époque de l'établissement du régime des eaux lacustres, d'une manière tout au moins approximative, la partie émergée, à part de légères dépressions vers le Nord et des îlots allongés formant écueils dans la masse aqueuse qui recouvrait la moitié Sud ; ces dépressions, en continuité probable avec le grand lac, correspondent aux bassins de Saint-Martin-de-Londres, de Saugras, de Montoulieu ; ces écueils, aux garrigues de Cruzy, Villespassans, Cazouls-lès-Béziers, Cournonterral, le Crès, la Valette, la Gardiole et Castries.

Un régime lacustre de beaucoup postérieur à celui qui présida à la formation de la Houille, s'établit à nouveau dans notre pays vers la fin de l'époque secondaire, au dire de certains auteurs ; d'autres le rapportent au commencement de l'époque tertiaire ; cette nouvelle nappe d'eau douce recouvrit une partie des départements de l'Aude et de l'Hérault, et s'étendit même jusqu'en pleine Provence. La portion de ses dépôts laissée à découvert se trouve marquée sur la Carte réduite dans tous les lieux portant la lettre G, et dans les Cartes détaillées, les lettres R, GR, GV. C'est en premier lieu une vaste région située au sud de Saint-Chinian et disparaissant sous des dépôts plus récents, à 1 kil. au nord de Puisserguier ; c'est en second lieu une région plus étroite, mais n'ayant pas moins de 20 kil. de longueur, qui s'étend de Vendémian au sud de Gignac jusques aux portes de Montpellier ; d'autres témoins en subsistent près de Clapiers et de Saint-Geniès ; on en retrouve un dernier à l'est de Bédarieux. Ces sédiments sont partout remarquables par leur couleur rutilante.

Les dépôts qui les recouvrent sur une partie de leur étendue attestent la succession, sur ces mêmes points, d'un régime totalement différent, celui-ci exclusivement marin; les débris organiques contenus dans les roches recouvrantes rappellent tous en effet les formes qu'on ne trouve que dans la mer : Arches, Pectoncles, Cythérées, Peignes, etc..... Un phénomène organique singulier, c'est la multiplication, prodigieuse en ce même moment et sur des surfaces de notre globe extrêmement vastes, d'un même groupe d'animaux appartenant aux derniers échelons de la série zoologique, et qu'on appelle *Nummulites*, à cause de leur forme de petite monnaie (*Nummulus*); nous retrouvons des traces de ce phénomène dans notre département, sur une bande étroite qui longe la montagne Noire depuis Hautpoul jusque vers Cessenon ; les roches pittoresques du pont naturel de Minerve, les berges abruptes de la Cesse et le plateau qui s'étend, sous le nom de *Causse*, au nord de la Caunette et d'Assignan, sont constitués par un calcaire presque entièrement pétri de petits animaux de la même famille.

Ce calcaire est marqué n sur la Carte réduite et N sur les Cartes détaillées.

Après un certain temps, la mer perd du terrain : une partie de son fond émerge et s'ajoute au continent préexistant; une autre partie réalise, en s'exhaussant, des conditions favorables à la prédominance des eaux pluviales. Un régime exclusivement lacustre s'établit à nouveau dans nos contrées : c'est l'époque où des animaux terrestres inconnus aujourd'hui, parmi lesquels les Lophiodons et après eux les Paléothériums, vivaient sur les hauteurs. Après leur mort, leurs squelettes entraînés par les eaux allaient s'enfouir au fond du lac et se mêler aux dépouilles des animaux aquatiques de toute sorte : Physes, Lymnées, Paludines, etc., leurs contemporains. La vaste surface lacustre embrassait toute la partie méridionale de l'Hérault, une grande portion des départements du Gard et des Bouches-du-Rhône. Ces lieux, alors fonds de lac, aujourd'hui à sec, doivent leur situation continentale actuelle à un mouvement du sol qui fut suivi, après un intervalle dont nous ne pouvons estimer la durée, d'un mouvement en sens contraire ou d'affaissement, à la suite duquel la mer envahit à nouveau toutes les parties submersibles. La surface lacustre est marquée L sur la Carte réduite, et L, L', L² sur les Cartes détaillées.

Des amas considérables d'argile, des bancs puissants de calcaires, comblent le fond de la mer et enveloppent des mollusques variés, huîtres, Solens, Tellines, Venus, etc., et avec eux, d'énormes cétacés qui animaient ces eaux ; ils formeront plus tard notre *tap bleu* et notre *calcaire moellon*, qui jouent un rôle si considérable dans nos environs : le premier occupant de vastes surfaces en Languedoc, où il fournit les matériaux pour nos briques et nos tuiles grossières ; le second nous livrant les pierres d'appareil de valeur différente, que nous retirons des carrières de Beaucaire, et plus près de nous, de celles de Castries, de Vendargues et autrefois de Boutonnet. Cette mer, dont les dépôts sont désignés dans ma Carte réduite par la lettre M et dans mes Cartes détaillées par les lettres M^ol, a les bords très-sinueux ; elle pénètre au Nord et vient battre la falaise secondaire au nord d'Arboras et de Montpeyroux, dont elle corrode les roches de ses flots ou les perce de ses coquilles lithophages ; elle en a fait de même sur les roches de la falaise lacustre qui la limite au centre et à l'Est.

Les siècles s'ajoutent aux siècles, les dépôts s'accu-

mulent, les organismes particuliers à ces temps se succèdent, mais ils ne se perpétueront pas à jamais ; ils
décroissent, ils vont s'éteignant. D'autres types apparaissent. A la fin, un changement nouveau dans l'ensemble
organique s'est accompli : la Période miocène, pendant
laquelle se sont déposés dans notre pays les argiles bleues
et le calcaire moellon, avait remplacé la Période éocène,
contemporaine des couches à nummulites et des sédiments
à Lophiodons et à Paléothériums ; elle fait place à son
tour à la Période pliocène.

La mer subsiste encore, mais elle a reculé. Un mouvement du sol s'opère, qui la refoule au Midi ; elle n'atteint plus qu'aux portes mêmes de Montpellier. Elle a
abandonné toute la portion occidentale du département,
pour ne baigner plus qu'une lisière presque littorale,
marquée de la lettre S sur mes Cartes ; le dépôt est à peu
près exclusivement sableux. On connaît les sables de nos
quartiers dits le Sablas, la Pompignane, sur la rive gauche
du Lez, au sud de Castelnau ; on connaît ceux qu'on
exploite dans nos faubourgs de Figuerolles et de Saint-
Dominique : ce sont les sables dits *Sables supérieurs de
Montpellier ;* on y voit bien quelques traces de couches
argileuses, mais le sable domine, et dans son épaisseur
on constate la présence de vrais bancs d'huîtres, *Ostrea
undata,* aussi différentes des huîtres des mers antérieures
que de celles de la Méditerranée. Indépendamment d'autres coquilles exclusivement marines, on y recueille
encore des ossements de grands animaux terrestres, de
mastodontes et de rhinocéros, épaves des inondations qui
ont balayé les surfaces continentales voisines, successivement agrandies par suite des mouvements répétés du

sol, et qui ont entrainé dans les eaux de la mér ces débris de roches et d'animaux.

Encore quelques siècles, et la mer pliocène reculera pour constituer la mer actuelle, dont les dépôts marins et les sédiments lacustres antérieurs forment aujourd'hui les bords. Le département de l'Hérault se trouvera dèslors entièrement constitué ; la portion du continent qu'il forme sera sortie tout entière du sein des eaux.

Toutefois, hâtons-nous de le dire, les conditions hydrographiques et météorologiques actuelles, les formes organiques contemporaines, n'ont pas encore pris possession de l'espace et du temps.

Un régime intermédiaire assez spécial pour caractériser une nouvelle époque, l'Époque quaternaire, a précédé l'établissement définitif de l'état de choses contemporain. Sur de larges surfaces de notre département, à de grandes distances de nos cours d'eau importants, à des altitudes de beaucoup supérieures à celles que peuvent aujourd'hui atteindre les plus hautes crues, s'étendent de vastes nappes de limon et de cailloux, indiquant, par le volume des fragments entrainés et l'aire de leur diffusion, des phénomènes de transport énergiques.

Ma Carte réduite indique, au moyen de hachures et d'un pointillé accompagnant la lettre C, deux de ces nappes superficielles particulièrement remarquables, elles répondent à la lettre D des Cartes détaillées : l'une forme un vaste triangle dont les sommets correspondraient à Roujan, Vendres et Marseillan ; l'autre, prolongement du cailloutis de la Crau, vient mourir sur nos coteaux de Grammont et de Mont-Regret ; une zone médiane morcelée les relio toutes deux sous nos fondations mêmes, et présente un manteau de gravier siliceux sur la plupart des hauteurs de nos environs. D'autres témoins plus restreints de la nappe primitive, marqués sur ma Carte réduite, se trouvent au nord de Cruzy, de Murviel-lès-Béziers, à l'est de Magalas, entre Aspiran et Nisas, sur les hauteurs de Celleneuve et de Saint-Georges ; la ville de Béziers et les collines qui l'entourent au Nord et à l'Est présentent des dépôts limités du même cailloutis, autrefois continus, aujourd'hui morcelés ; ces matériaux de transport, formant une bande littorale de Vendres à Marseillan, ne sont pas sans influence sur les conditions hydrographiques spéciales à cette contrée, si favorisée au point de vue des eaux artésiennes (Villeneuve-lès-Béziers, Cers, Agde, etc.).

Durant l'époque quaternaire, le monde organisé ne comptait plus que des formes actuellement vivantes ; les mastodontes avaient disparu, du moins de notre Europe. Les éléphants, les ours, les rhinocéros, ne différant des nôtres que sous le rapport des espèces, mais autrement répartis qu'aujourd'hui, peuplaient nos régions et mêlaient leurs débris aux fragments des roches qu'entraînaient les eaux et qu'elles abandonnaient dans les dépressions et dans les cavités naturelles qui se trouvaient ouvertes sur leur passage. C'est alors que se formèrent ces accumulations si curieuses qui, comblant nos grottes, nous ont livré ces vestiges de générations dont l'homme lui-même a été le contemporain ; nos grottes de Lunel-Viel, de Fauzan, de Ganges, etc., nos brèches osseuses de Bourgade, près de la Valette, de Cette, etc., sont des exemples classiques de cette sorte de dépôts, si étrangement différents de ceux que nous avons reconnus aux époques antérieures.

Un autre événement datant de cette époque, non moins
important pour l'histoire de notre département, c'est le
commencement, aux temps quaternaires, des opérations
des agents naturels qui ont abouti au creusement de nos
vallées et à la configuration actuelle de notre relief. Les
mouvements dynamiques que nous avons eu l'occasion
de constater depuis le premier établissement du sec dans
nos contrées jusqu'à l'émersion des dernières surfaces
continentales du département, avaient eu pour résultat
l'exhaussement, au-dessus des eaux, de masses uniformes
dont le mamelonné primitif n'avait aucun rapport avec
le modelage et le façonnement qu'elles ont reçus, depuis,
de l'action incessante des agents atmosphériques. L'existence, à des altitudes de cent mètres, d'un terrain de
transport dans l'épaisseur duquel sont creusées nos vallées,
établit l'antériorité, par rapport aux dépressions actuelles,
de surfaces horizontales très-étendues sur lesquelles
s'exerça l'action des eaux courantes. L'opération du creusement s'est opérée avec lenteur et progressivement, ainsi
qu'en témoignent les anciens niveaux, si bien marqués
sur les berges de nos moindres cours d'eau par des terrasses ou de simples lits de cailloux.

C'est encore à l'époque quaternaire, postérieurement à
la diffusion des terrains de transport sur les hauts plateaux, que s'opèrent à la surface du sol de grands épanchements de matière fluide dont l'Etna et le Vésuve nous
offrent des exemples contemporains ; à des altitudes qui
témoignent de l'ancien niveau général de notre surface
continentale avant son modelage actuel, on trouve en
effet de grandes nappes de matière solide recouvrant des
amas de matériaux hétérogènes généralement peu cimen-

tés, que leur nature et leur mode de disposition assimilent aux déjections de nos volcans modernes.

De nombreuses coulées aux environs de Pézenas, le
mont Saint-Loup d'Agde avec ses cônes multiples de scories, les monts Saint-Thibéry avec leurs scories aussi et
leur colonnade prismatique, révèlent par leur présence
l'activité dynamique qui s'est déployée à cette époque
dans notre région, et tout ensemble l'infinie variété des
événements dont notre département semble avoir été, à
toutes les phases de son histoire géologique, le théâtre
privilégié.

Quelques phénomènes de second ordre semblent établir une transition entre l'époque quaternaire et l'époque
actuelle; le tuf ou travertin de Castelnau, de la plaine de
Foncouverte près Montpellier, celui de Vendres au sud de
Béziers et tant d'autres (T de mes Cartes détaillées), indiquent, par la position et la puissance de leurs dépôts,
comme aussi par les espèces végétales dont ils ont encroûté
les tiges et les feuilles, de légères modifications dans la condition hydrologique et biologique de cette période intermédiaire entre les temps actuels et ceux qui ne sont plus.

Nous voici arrivés à l'époque contemporaine; nous
venons d'assister à l'établissement de nos conditions biologiques, hydrographiques et météorologiques. L'histoire
des temps actuels succède à celle des temps géologiques.

VOCABULAIRE

Ce Vocabulaire n'est pas uniquement destiné à donner l'explication des termes scientifiques employés dans la présente Notice ; sous le couvert de quelques autres introduits à nouveau (Voir les mots *Antédiluvien*, *Ère*, *Horizon*, *Lacune*, etc.), j'ai ajouté quelques notions qui m'ont paru devoir heureusement compléter mes Notions fondamentales. Quant aux noms des Minéraux, Roches ou Fossiles, ils sont accompagnés d'une description sommaire qui permettra d'étudier avec plus de fruit les objets en nature correspondants des collections de la Faculté. On trouvera dans la Bibliothèque la *Minéralogie* de Brard, la *Description des Roches* par M. le professeur Coquand, le *Manuel de Conchyliologie* du Dr Chenu, celui de *Paléontologie* de Pictet, qui fourniront un supplément utile d'instructions.

A.

Alluvions. — Dépôts opérés par un cours d'eau le long de ses rives, dépendant : pour leur importance, du débit du cours d'eau ; pour leur nature, de la composition minérale des lieux drainés par le cours d'eau.

Les alluvions de la Lergue n'ont ni l'importance ni la nature de celles de l'Hérault ; celles de l'Orb sont différentes des deux premières aux mêmes points de vue.

Les alluvions des fleuves à leur embouchure forment un delta quand il existe un cordon littoral (Voir *Ap-*

pareil littoral), ou un estuaire quand le cordon littoral n'existe pas. Exemples : deltas du Nil, du Rhône ; estuaires de la Gironde et de la Loire.

Sur nos plages, chacun de nos cours d'eau a son delta en rapport avec son importance. L'Hérault a son delta dont la branche orientale est aujourd'hui atterrie ; mais on en reconnaît facilement l'ancien périmètre enveloppant la montagne d'Agde, qui formait une île à une époque assez récente.

Certains puits forés sur notre plage ont traversé ces alluvions littorales, qui présentent sur certains points une épaisseur considérable.

Alvéolines. — Genre de Foraminifère (Voir ce mot) composant presque à lui tout seul le calcaire du causse de Minerve (arrondissement de Saint-Pons).

Ammonites. — Famille de Mollusques éteinte, connue seulement par la coquille ; cette coquille est cloisonnée, à cloisons ramifiées, diversement ornementée à l'extérieur, circulaire, enroulée en spirale dans un même plan.

Animal rapproché des Nautiles actuels, de haute mer.

Ammonites polyplocus. — Espèce d'Ammonite ayant vécu à un certain moment de la période jurassique, y constituant un Horizon. (Voir ce mot et le mot *Oxfordien*.)

Amphibole. — Espèce minérale donnant à l'analyse un silicate de chaux, de magnésie et de fer.

Couleur blanche, verte ou noire.

La variété noire se trouve communément dans notre région, accompagnant les produits des éruptions de basalte (Montferrier, Vias, etc.).

La variété verte semble avoir pénétré les schistes anciens et y avoir déterminé des bandes étroites, allongées, formant plutôt des lits que des filons (Saint-Gervais. (Voir le mot *Schiste*.)

Amphibolite. — Roche composée d'amphibole, d'un vert foncé tirant sur le noir, ordinairement lamelleuse, quelquefois schisteuse; très-tenace.

Ne se trouve pas dans le département.

Antédiluvien. — Ce mot, très-fâcheusement introduit dans le langage géologique, ne répond à aucune notion scientifique nette. Il rappelle la tradition du déluge mosaïque et semblerait faire croire que cet événement, rapporté par nos livres saints, a laissé sur le globe des traces physiques suffisamment reconnaissables pour servir à établir dans son histoire deux grandes époques: l'une antérieure à l'événement, l'autre plus récente; de là l'expression vulgaire d'*animaux antédiluviens*, et encore cette manière de parler si commune : *cela date d'avant le déluge;* mais notre globe présente dans son épaisseur, et en particulier dans ses portions superficielles, des traces de phénomènes de transport et de comblement du même genre que ceux qui ont dû accompagner le déluge mosaïque, en sorte que la science est aujourd'hui tout à fait impuissante à distinguer celles qui appartiennent en propre à ce dernier.

La base d'une division des Temps géologiques (Voir ce mot) en temps antérieurs au déluge et temps postérieurs, manquerait donc de précision. En outre, un pareil partage des temps géologiques y établirait deux parts beaucoup trop inégales : le déluge mosaïque se rapporte très-probablement à un certain moment de l'époque quaternaire (Voir pag. 66); la longue succession des dépôts, des faunes et des flores des trois époques antérieures, comme aussi les événements de l'ordre purement inorganique des Ères ignée et ignéo-aqueuse (Voir le mot *Ère*), seraient donc confusément compris sous la rubrique de faits antédiluviens!

On sait de quelle obscurité sont encore enveloppées l'origine et la date précise de cette *Période celtique* dont nos historiens constatent tous les jours, d'une manière plus nette, la réalité (Voir *Revue des Cours scientif.*, 22 mai 1875). Que gagnerait, je le demande, notre histoire de France à être divisée en temps antérieurs aux Celtes et en temps postérieurs?

Anthracotherium. — Genre de Mammifère de l'ordre des Pachydermes, de la tribu des Cochons (*Sus*).

Un ossement en a été trouvé dans les lignites de Montoulieu, près de Ganges.

Appareil littoral. — Ensemble de matériaux entraînés et accumulés sur les bords de la mer par les cours d'eau qui s'y jettent et y continuent souvent leur cours sous forme de courants sous-marins.

Dans les mers sans marées considérables, comme la Méditerranée, les matériaux repris en sous-œuvre par le flot se disposent en bourrelet saillant qui forme ce qu'on appelle le Cordon littoral.

La composition de ce bourrelet variera naturellement avec la nature des apports des cours d'eau : caillouteux quand le cours d'eau est assez fort pour charrier des cailloux, ils seront uniquement sablonneux quand la pente du cours d'eau, sa vitesse et le volume de ses eaux ne permettront que le transport du sable ; mais, caillouteux ou sablonneux, les matériaux constitutifs du cordon littoral s'accompagneront toujours de débris des coquilles marines actuelles, dont la présence suffira à les distinguer des apports exclusivement fluviatiles, déposés en deçà du cordon littoral et constituant les deltas.

Aqueuse (Ère). — (Voir le mot *Ère*.)

Argile. — Roche composée de silice, d'alumine et d'eau dans des proportions très-variables ; il y entre aussi de l'oxyde de fer.

Fait pâte avec l'eau, ce qui la distingue du Schiste. (Voir ce mot.)

Argilophyre. — Porphyre non quartzifère (Voir ce mot) décomposé (Gabian, plateau de Sauveplane, entre Gabian et Laurens, arrondissement de Béziers).

Augite. — (Voir *Pyroxène*.)

B.

Bancs à Goniatites. — (Voir *Goniatites*.)
— **à Polypiers**. — (Voir *Polypiers*.)

Basalte. — Roche compacte d'un noir tirant sur le bleuâtre, formée d'un mélange, indiscernable à l'œil nu, de trois espèces minérales, Pyroxène, Labrador, Fer oxydulé (Voir ces mots), auxquelles une autre espèce, Péridot (Voir ce mot), d'un vert jaunâtre, est très-souvent associée en cristaux plus ou moins altérés.

Basalte scoriacé. — Basalte criblé de cellules irrégulières, et pour cette raison très-léger, formant les Scories et les Pouzzolanes (Voir ces mots), souvent très-colorées en rouge par l'oxyde de fer (Agde, Saint-Thibéry).

Bauxite. — Hydrate d'alumine avec plus ou moins de fer, 45 à 65 % d'alumine.

Bauxite rouge contenant 25 % de fer en moyenne.
Bauxite pâle ne renfermant que des traces de fer.
Se trouve dans beaucoup de localités de l'Hérault; est marquée du signe + dans mes Cartes détaillées (Voir *Évent sidérolithique*); est l'objet d'une exploitation à Villeveyrac pour la fabrication de produits réfractaires et de l'alun.

Bélemnites. — Famille de Mollusques éteinte, connue seulement par la coquille, qui était située dans l'intérieur du corps comme l'osselet des sèches et des calmars.

Cette coquille se compose de trois parties : le rostre, l'alvéole et l'osselet corné.

On ne rencontre guère dans nos régions que le rostre et une partie de l'alvéole.

Le rostre se présente sous la forme d'un corps conoïde ressemblant grossièrement à une petite quille, d'où le nom de *quillette* qu'on lui donne vulgairement dans certaines localités ; son tissu paraît fibreux et rayonné dans les cassures transversales ; il porte souvent des sillons plus ou moins profonds, dont la place, la longueur et le nombre ont varié aux divers moments d'une même période.

Les Bélemnites sont voisines de nos calmars et de nos sèches, et sont, comme eux, des animaux marins.

Les Bélemnites se rencontrent dans les surfaces marquées J et N dans la Carte réduite, et surtout dans celles marquées J et coloriées en jaune des Cartes détaillées.

Boulidou. — Nom donné dans notre région au phénomène du dégagement d'acide carbonique au travers d'une masse d'eau, et donnant à cette eau l'apparence d'une eau qui bout. Exemples : les Boulidous de Pérols près Montpellier, de Vendres près Béziers, etc.

Signifie aussi la sortie violente, après de grandes pluies, de masses d'eau au travers de fractures du sol.

Brachiopodes. — Mollusques pourvus de bras, portant des appendices en forme de cils, souvent soutenus par une armure interne très-caractéristique : coquille à deux valves inégales, équilatérales.

Vivent encore aujourd'hui dans nos mers, mais comptent beaucoup moins de représentants dans la nature actuelle qu'aux époques antérieures. Les Brachiopodes ont présenté des formes très-variées et très-différentes de celles qu'ils affectent aujourd'hui, durant toute l'é-

poque primaire; leurs représentants durant l'époque
secondaire, très-nombreux encore, rappellent davantage les formes vivantes ; leur nombre a notablement
diminué à l'époque tertiaire. Cette famille de Mollusques est particulièrement propre à caractériser, par
ces trois phases de son histoire, ces trois époques de
l'Ère aqueuse.

Brèche. — Sorte de Conglomérat (Voir ce mot) dont les fragments ont conservé des arêtes vives, des angles à
peine émoussés; ce qui indique qu'ils n'ont pas été soumis à un transport violent ni prolongé.

On trouve des exemples de Brèches à la limite de
presque tous nos massifs calcaires (lisière méridionale
du massif calcaire de Saint-Georges à Cournonsec, de
la Gardiole entre Mireval et Frontignan; environs de
Bouzigues, Pinet, etc. (portion des surfaces marquées
Mm dans mes Cartes détaillées.....).

Brèche osseuse. — Agglomérat de fragments anguleux de
roches de nature diverse, enveloppant des ossements
d'animaux.

Ces ossements sont ceux d'animaux morts à la surface du sol et entraînés par les eaux avec les autres
matériaux dans des fissures communiquant le plus
souvent avec des grottes ou des cavernes. (Voir *Caverne à ossements.*)

C.

Cailloutis. — Nom donné dans la présente Notice à une
nappe de cailloux la plupart siliceux, revêtant des surfaces plus ou moins étendues et décelant par la forme et
le nombre des cailloux des actions de transport énergiques et longtemps continuées.

Ces actions sont probablement contemporaines de
celles qui ont formé la Crau de Provence, dont notre
Cailloutis ne serait que le prolongement occidental,

mais avec des conditions de provenance différente : les matériaux de l'Est proviendraient des Alpes ; ceux de l'Ouest, de la montagne Noire et des Cévennes.

(Surfaces marquées C et pointillées sur la Carte réduite ; surfaces D sur les Cartes détaillées.)

Calcaire. — Roche formée de carbonate de chaux, donnant lieu à un fort dégagement d'acide carbonique sous l'action d'un acide quelconque.

Calcaire à Encrines. — (Voir le mot *Encrines.*)

Calcaire à Fucoïdes. — (Voir le mot *Fucoïdes.*)

Calcaire à Polypiers. — (Voir le mot *Polypiers.*)

Calcaire associé au Gneiss. — Calcaire se présentant en amas subordonnés au gneiss (environs de la Salvetat, arrondissement de Saint-Pons).

Calcaire avec nodules siliceux. — Calcaire présentant dans ses bancs des rognons siliceux disposés le plus souvent en cordons alignés (Murviel près Montpellier, Castelnau, Fouzilhon, etc.).

Calcaire carbonifère à Productus. — Calcaire déposé durant la période carbonifère et renfermant un grand nombre de coquilles de Productus (Voir ce mot). Région de Cabrières et de Vailhan (arrondissement de Béziers).

Calcaire lacustre intercalé. — (Voir le mot *Lacustre.*)

Calcaire lithographique. — Susceptible, par ses caractères physiques, d'être employé en lithographie (carrière près de Corniès, canton de Ganges).

Calcaire marneux. — Dénomination très-peu précise, indiquant que le calcaire est mélangé d'une certaine quantité d'argile, et qu'il présente quelques caractères de la marne, comme de se déliter plus ou moins dans l'eau et de se réduire en poudre par l'effet de la gelée.

Calcaire moellon. — Calcaire très-coquillier, employé pour la bâtisse dans la région de Montpellier, et formé durant la période miocène de l'époque tertiaire (carrières nombreuses dans le département : Saint-Jean-de-Védas, Castries, arrondissement de Montpellier) ; les Brégines près Béziers ; Nézignan-l'Évêque près Pézenas, etc.).

Calcaire paléozoïque. — (Voir le mot *Paléozoïque.*)

Calcaire de Rognac. — (Voir le mot *Rognac.*)

Cardiole (Cardiola). — Genre de Mollusque éteint ; bivalve, à crochets infléchis obliquement du côté buccal, ornementé de côtes rayonnantes et de plis concentriques qui se coupent en formant des sortes de tubercules.

Cardiola interrupta. — Espèce de cardiole particulièrement caractéristique des derniers temps de la période silurienne.

Se trouve dans des marnes noires schisteuses désignées dans mes Cartes détaillées *Schistes à cardioles* et marquées Sc (régions de Laurens, de Gabian, arrondissement de Béziers).

Cargneule. — Nom d'origine étrangère, servant à désigner des calcaires très-légers, très-vacuolaires et généralement magnésiens.

Cette nature de roche accompagne d'ordinaire les gypses et se trouvera par conséquent dans toutes nos régions de l'Hérault où l'on exploite le plâtre, et particulièrement dans l'arrondissement de Lodève (Saint-Étienne-de-Gourgas) et aussi dans l'arrondissement de Béziers (plâtrières ou gypsières de Roujan).

Caverne à ossements. — Anfractuosité naturelle qui se trouve dans des massifs calcaires ou dolomitiques, et qui renferme des ossements d'animaux dont les espèces ne vivent plus aujourd'hui, tout au moins dans le pays.

Ces ossements proviennent d'animaux morts dans ces anfractuosités, et aussi d'animaux morts à la surface du sol et transportés par les eaux dans ces cavités avec de la terre et des cailloux.

Le département de l'Hérault est particulièrement riche en ces sortes d'ossuaires ; à la Faculté des sciences, des armoires sont remplies d'ossements provenant de cavernes de la région. Lunel-Viel, Fauzan au nord d'Olonzac et d'autres localités de l'Hérault, sont connues sous ce rapport de tous les Géologues, et les débris qu'elles ont fournis, recueillis dans la Faculté, ont provoqué la visite et les travaux d'un grand nombre de Paléontologistes éminents français et étrangers.

Conglomérat. — Roche formée par l'agglutination de fragments d'une grosseur moyenne de roches de nature diverse. (Voir *Brèche*, *Poudingue*.)

Conglomérat rouge. — J'ai désigné sous ce nom dans mes Légendes de Béziers et de Lodève, et accompagné de la lettre r, une bande étroite qui s'étend entre Villeneuvette et Mourèze d'une part (arrondissement de Lodève), et d'autre part entre Laurens et Fontès (arrondissement de Béziers), dont la couleur contraste assez nettement avec les terrains environnants pour m'avoir paru mériter une notation spéciale. Cette notation trouve encore sa justification dans cette circonstance que, grâce à l'intensité de sa couleur, ce conglomérat accuse d'une manière très-nette les cassures qui ont affecté tout particulièrement cette portion de notre région, par la disposition entrecoupée et irrégulière de la bande colorée qui le représente.

Je réserve pour le travail plus technique qui suivra cette Notice, l'examen de la place dans l'échelle géologique qu'il convient d'assigner à ce conglomérat; en attendant, je l'ai distingué et figuré par un rectangle spécial sur mes Légendes de Lodève et de Béziers.

Corallien (Coral rag, récif de coraux). — Le nom de Coral rag a été donné par les Géologues anglais à un groupe de couches caractérisé par l'abondance des polypiers, occupant en Angleterre une place bien déterminée dans la série des formations de la période Jurassique, immédiatement au-dessus de l'Oxfordien (Voir ces mots). En France, on a observé au même niveau géologique un dépôt très-polypiérique, qu'on a nommé Corallien, traduction française du mot Coral rag.

Des observations récentes tendent à établir que ce développement de polypiers, qui rappelle les phénomènes coralligènes de l'océan Pacifique, ne s'est pas produit une fois seulement dans les temps géologiques, de manière à constituer un horizon toujours le même, mais qu'il s'est reproduit en divers temps, en sorte que le terme de Coral rag ou de Corallien, devenu impropre à désigner un étage spécial, ne signifierait plus qu'un simple phénomène de biologie, dépourvu de toute valeur de millésime; de là, la pensée venue à quelques Géologues de renoncer au terme de Coral rag ou de Corallien, et d'appliquer à l'étage particulier qu'il désignait dans le principe une dénomination plus générale, indépendante de toute relation à des conditions de dépôt particulières.

Les dépôts du département du Gard et de celui de l'Hérault, qu'Émilien Dumas, à cause des polypiers qui s'y rencontrent, avait rapportés au niveau du Coral rag de l'Angleterre ou du Corallien de France, sont considérés aujourd'hui par quelques Géologues comme étant d'une date plus récente ; ce doute, non levé encore au moment où mes Cartes paraissent, m'a déterminé à remplacer sur mes Légendes le terme de Corallien par celui d'Horizon coralligène à *Terebratula Repellini*. (Voir ce mot.)

Cordon littoral — (Voir *Appareil littoral.*)

———

D.

Dépôts caillouteux des plateaux.— Nappe de cailloux incohérents de diverse nature, mais le plus souvent siliceux, revêtant des surfaces très-étendues et placées par leur altitude actuelle en dehors de l'action des cours d'eau.

Synonyme de *Cailloutis*. (Voir ce mot.)

Dépôts détritiques et chimiques concrétionnés rougeâtres. — Formés généralement de sables, de cailloux ordinairement siliceux, de marnes plus ou moins endurcies et de brèches généralement rougeâtres, revêtant des surfaces plus ou moins étendues et parais· sant dater d'une époque immédiatement antérieure à la formation des dépôts caillouteux des plateaux (environs de Mèze, Bouzigues, Pinet, Frontignan; collines de Saint-Siméon près Pézenas, d'Aspiran, etc.).

Dépôts fluvio-marins. — Composés d'un calcaire ressemblant au Calcaire moellon (Voir ce mot), tout pénétré de cailloux siliceux dont la forme, la couleur blanche et la translucidité rappellent assez bien des dragées, d'où le nom de *Molasse à dragées* (Voir le mot *Molasse*) que j'ai donné à cette roche.

Ce calcaire, par la similarité de sa pâte avec celle du calcaire moellon, dont il semble n'être qu'une continuation, et par les nombreux témoins de phénomènes fluviatiles qu'il présente, dénote un mode mixte de formation sous l'influence des eaux marines et des eaux continentales. Il forme sur certains points plusieurs couches successives entre lesquelles se trouvent intercalés des bancs de calcaire lacustre (Fontès, Magalas).

Ce même ensemble de couches de molasse à dragées et de bancs lacustres se retrouve à l'état de dépôt remanié sur les hauteurs des collines de Saint-Siméon près Pézenas.

Dépôts fluvio-volcaniques. — Formés de sédiments d'origine volcanique et de débris de roches diverses entraînés par les eaux et déposés au fond de dépressions dans lesquelles des phénomènes de sédimentation lacustre s'accomplissaient en même temps ; témoin les débris d'animaux et de plantes et les roches à pâte lacustre qui s'y trouvent (le Riége près Pézenas , l'Estang près Péret, la Bégude, Saint-Adrien sur la route de Pézenas à Béziers). Ces dépôts constituent un tuffa (Voir ce mot) mélangé de matériaux entraînés par les eaux, sans lit de stratification et d'une facile désagrégation à l'air.

Ils sont exploités près de Saint-Adrien et connus dans le pays sous le nom de pierre de Saint-Adrien.

Dinothérium. — Mammifère de l'ordre des Pachydermes, caractérisé par de fortes défenses recourbées qu'il portait à sa mâchoire inférieure et qui se dirigeaient en bas. La présence de cet animal suffit assez bien à déterminer un moment précis de l'histoire du globe, d'où le rôle d'Horizon (Voir ce mot) qu'on lui fait jouer ; il correspond à l'époque miocène. Des dents nombreuses de ce Mammifère ont été rencontrées dans les Calcaires lacustres intercalés (Voir ce mot) d'une colline près Montouliers (arrondissement de Saint-Pons).

Diorite. — Roche composée d'amphibole et de feldspath. Ne se trouve pas dans le département.

Dolomie. — Roche composée de carbonate de chaux et de carbonate de magnésie en proportions égales. Remarquable par sa texture compacte, le plus souvent cristalline, et par sa structure parfois très-poreuse. Elle est très-développée dans l'Hérault, où elle se montre en couches continues intercalées entre des couches de calcaire (Saint-Guilhem-le-Désert) , ou en taches irrégulières de forme et d'étendue, dans des calcaires de divers âges (Cabrières, la Gardiole, Ganges, etc.).

Je n'ai pas marqué sur mes Cartes toutes les surfaces dolomitiques qui affectent cette dernière disposition; je me suis borné à les indiquer dans le massif oxfordien (Voir ce mot) qui forme la montagne de Cette; ce mélange intime de dolomie et de calcaire, avec prédominance par places de l'une ou de l'autre de ces deux Roches, s'est produit dans notre région à l'époque primaire (environs de Cabrières) et aussi à l'époque secondaire, durant les derniers temps de la période jurassique en particulier.

Dunes.— Monticules de sables sur les bords de la mer, formant un élément de l'Appareil littoral. (Voir ce mot.)

E.

Elephas meridionalis.— Espèce éteinte d'éléphant dont les débris se trouvent enveloppés dans les dépôts Fluvio-volcaniques (Voir ce mot) du Riége, et dont la présence suffit à déterminer un moment précis de l'histoire du globe; d'où le rôle d'Horizon (Voir ce mot) qu'on lui fait jouer.

Encrines.— Animaux formant un ordre spécial dans la classe des Échinodermes ou des Oursins, se présentant sous la forme de tiges formées de la superposition de pièces rondes ou pentagonales appelées aujourd'hui *articles* et autrefois *entroques.* Ces articles se montrent le plus souvent détachés, et en si grand nombre, qu'ils composent presque à eux seuls des roches qui prennent le nom de *Calcaire à encrines* ou *à entroques.*

Le calcaire carbonifère de Vailhan (arrondissement de Béziers) contient beaucoup d'encrines; un calcaire plus ancien de cette localité et un autre à Laurens renferment des bancs siliceux où se trouvent de très-jolies encrines toutes siliceuses; certains calcaires jurassiques en sont aussi presque exclusivement formés (environs de Bédarieux, de Lodève, de Saint-Guilhem-le-Désert, etc.).

Ère. — L'histoire du globe me semble pouvoir se diviser en trois Ères marquées chacune d'un caractère tout à fait spécial, déduit du rôle de l'eau dans chacune d'elles:

L'Ère ignée, l'Ère ignéo-aqueuse et l'Ère aqueuse.

L'Ère ignée comprendrait tous les temps écoulés depuis les premiers moments de notre planète en incandescence jusqu'à la première condensation des eaux à sa surface refroidie, et serait susceptible de se subdiviser en trois moments:

Le premier, celui de l'*incandescence*, pendant lequel l'eau maintenue à l'état de vapeur dans l'atmosphère n'aurait exercé aucune action chimique sur l'astre nouvellement dégagé de l'atmosphère cosmique.

Le second, qu'on pourrait appeler *moment d'imbibition*, durant lequel l'eau, par suite d'un premier degré de refroidissement, aurait pu entrer en contact avec la planète, la pénétrer et l'imbiber jusqu'à une certaine profondeur.

Le troisième, durant lequel la portion de matière imbibée, placée par suite de cette imbibition dans des conditions toutes nouvelles, serait devenue le siége de combinaisons entre les éléments, lesquelles se seraient disposées en couches distinctes, conformément à leur densité respective; on pourrait appeler ce moment: *moment de liquation*. Ces combinaisons, donnant naissance aux Roches ignées (Voir pag. 13, Note), devaient naturellement revêtir les caractères mixtes d'ignéité et d'hydratation que nous leur reconnaissons aujourd'hui.

L'Ère ignéo-aqueuse aurait vu se former plus particulièrement les Roches cristallophylliennes, sous l'influence de conditions thermiques intermédiaires entre celles de l'Ère ignée et celles de l'Ère aqueuse. Pourvues d'une température encore suffisamment élevée pour déterminer la nature cristalline des dépôts, mais insuffisante pour laisser subsister leur activité exclusivement chimique, les eaux ont dû à ce moment commencer d'exercer une action mécanique sur la matière la plus extérieure, et lui imprimer, en la malaxant, cette structure stratoïde (Voir ce mot) que présentent communément le Gneiss, le Granite-Gneiss, le Micaschiste et le Schiste talqueux ; ces roches auraient formé le sol primordial ou de première consolidation, destiné à devenir le substratum des dépôts de l'Ère aqueuse. Un fait qui prouve que cette consolidation s'est opérée avant celle de la portion plus intérieure, c'est que les roches qui composent le sol primordial ne renferment généralement de débris d'aucune des roches des zones sous-jacentes.

Enfin, l'Ère aqueuse aurait vu les conditions thermiques actuelles s'établir, et avec elles la sédimentation et la vie.

Les Schistes argileux, d'ordinaire si développés entre les Granites-Gneiss ou les Micaschistes et les dépôts sédimentaires, marqueraient plus particulièrement le passage de l'Ère ignéo-aqueuse à l'Ère aqueuse proprement dite.

Évent sidérolithique. — J'appelle ainsi une accumulation locale et relativement circonscrite de matériaux généralement rougeâtres, imprégnés de fer en quantité variable, épanchés au travers de fractures du sol. Les éléments les plus constants en sont l'alumine hydratée, la silice et le fer, en proportions variables. Quand l'alumine dépasse la proportion de 40 %, elle constitue la Bauxite. (Voir ce mot.)

Les évents sidérolithiques sont nombreux dans l'Hérault ; ils sont marqués du signe + sur mes Cartes détaillées.; ils affectent la disposition linéaire, se trouvant généralement le long des lignes de fracture; ils dessinent une ligne rouge, très-nettement accusée au nord de Villeveyrac, au contact du massif calcaire qui constitue la garrigue et les marnes et grès de Villeveyrac; on les retrouve encore aux environs de Loupian (arrondissement de Montpellier) ; de Cazouls, de Bédarieux (arrondissement de Béziers); de Pierrerue près Saint-Chinian (arrondissement de Saint-Pons), etc.

F.

Faille. — Endroit où la roche *faut*, manque. (*Dict*. Littré.)

On dit vulgairement qu'une maison se lézarde ou qu'elle a fait un mouvement; une faille n'est autre chose qu'une lézarde, un mouvement de la croûte terrestre qui a pour résultat de rompre la continuité des couches et de placer bout à bout les divers termes d'une même série verticale qui ne se correspondaient pas. (Voir pag. 74, et Pl. VI, Diagramme 2, et Pl. IX.)

J'ai comparé (pag. 74) l'effet produit par une faille à ce qui arrive dans le papier d'une tapisserie dont les dessins, d'une bande à l'autre, ne se correspondent plus, quand un mouvement s'est opéré, soit dans le papier par suite d'un retrait, soit dans le mur par suite d'une lézarde. Ces sortes de chevauchements se produisent entre les lignes d'une feuille imprimée quand un pli s'est formé dans le papier au moment où il a été placé sous la presse; dans ces accidents, si fréquents dans nos feuilles de journaux hâtivement imprimées, on retrouve en petit toutes les circonstances d'une faille: solution de continuité entre les lignes; image de la fracture; interposition de parties blanches où se trouvent, chevauchant les unes sur les autres, des lettres de mots rompus, correspondant au brouillage entre les lèvres des failles; enfin transport des différentes parties d'une même ligne à des niveaux différents, représentant les rejets des couches rompues.

J'ai cité (pag. 74) bien des cas de failles dans le département; je pourrais en citer d'autres encore, en conséquence du principe affirmé pag. 31, ligne 21, qui trouve si fréquemment son application dans l'Hérault.

Faune. — On désigne en Zoologie, sous ce nom, l'ensemble des animaux qui vivent dans une région déterminée; ainsi l'on dit: Faune méditerranéenne, Faune américaine, etc.; en Géologie, ce même terme désigne l'ensemble des animaux qui ont vécu durant une certaine époque : on dit Faune jurassique, pour désigner les animaux dont l'existence est comprise dans les temps écoulés entre la période appelée triasique et celle que l'on appelle crétacée.

Faune II. Expression servant à désigner l'ensemble des animaux qui ont vécu vers le milieu de la période silurienne, postérieurement à un groupe tout spécial d'animaux rangés sous la dénomination de Faune I et antérieurement à un nouvel ensemble qui a caractérisé les derniers temps de la même période, et qu'on a nommé Faune III.

Feldspath. — Espèce minérale, d'apparence pierreuse, blanche ou rosâtre, ayant une composition du même *type* que celle de l'alun (sulfate double d'alumine et de potasse) : silicate double d'alumine et de potasse ou de soude ou de chaux.

Feldspathiques (Roches). — Roches dans la composition desquelles le Feldspath joue un rôle important (granites, gneiss, porphyre, basalte, etc.) (partie N.-O. du département; montagne de l'Espinouse).

Filon de Quartz. — Fracture remplie après coup de matière siliceuse ou de quartz; la roche où s'est opérée la fracture étant généralement plus facilement désagrégeable que la matière siliceuse, celle-ci saille en relief et forme des murs , *Dykes* en anglais; les filons de quartz sont nombreux dans l'arrondissement de Béziers (environs de Cabrières, Lamalou-les-Bains , etc.). Voir Cartes détaillées, lignes brisées, blanc d'argent, accompagnées de la lettre Q.)

Flore. — Ensemble des végétaux qui vivent dans un pays et lui impriment un caractère particulier par la spécialité de leurs genres et les particularités de leur physionomie.

Ce mot s'applique, en Géologie, à l'ensemble des végétaux qui ont vécu durant une même époque et la caractérisent par leurs genres et leur physionomie.

Il y a eu succession de flores sur le globe comme il y a eu succession de faunes dans les temps géologiques; les botanistes qui se sont occupés de ces anciennes végétations ont en effet constaté la même spécialisation de types végétaux dans le temps, que celles qu'on observe aujourd'hui dans l'espace (Voir travaux de M. de Saporta, de M. Schimper (Bibliothèque et Collections de la Faculté des Sciences). La difficulté de la conservation des végétaux les a rendus nécessairement plus rares et d'une consultation plus délicate; mais les quelques gisements très-riches que l'on en connaît permettent d'assurer que la plante n'est, pas moins que l'animal, apte à servir de millésime : c'est ainsi que l'on a constaté, même aux divers moments d'une même période, la période carbonifère par exemple, une succession de flores assez nettement distinctes les unes des autres pour qu'on ait lieu d'attendre de leur étude un moyen efficace et peut-être unique de retrouver la continuité de couches dérangées et rompues à la suite de nombreuses dislocations.

Fluvio-marins (Dépôts).— (Voir le mot *Dépôt*.)

Fluvio-volcaniques (Dépôts).— (Voir le mot *Dépôt*.)

Foraminifères. — Animaux appartenant à l'embranchement des Zoophytes ou Rayonnés, très-petits, souvent microscopiques, composés d'une masse vivante de consistance glutineuse, tantôt entière, tantôt divisée en segments; leur coquille est simple, composée de loges, percée d'un ou plusieurs trous.

Exemples : Alvéolines, Nummulites, etc. (Le causse de Minerve (arrondissement de Saint-Pons) est formé tout entier d'une agglomération d'alvéolines.)

Fossile. — Débris ou simple empreinte d'être organisé trouvé à la surface du sol ou enveloppé dans des matières minérales, meubles ou compactes.

Exemples : Ossements de grands animaux dans nos sables; coquilles marines empâtées dans nos pierres à bâtir; empreintes de fougères sur les schistes houillers; ammonites et bélemnites si abondantes dans les marnes du lias (Saint-Loup, Fouzilhon, etc.).

La Géologie étant essentiellement l'histoire de la terre (Voir pag. 42, XII), le Fossile est un *document de cette histoire emprunté au règne organique*. Un débris d'ossement de Celte, recueilli dans une tombe, est un vestige de l'époque celtique, comme une empreinte de trilobite sur une roche quelconque est un monument de l'époque paléozoïque. Un os humain exhumé de nos cimetières témoigne de l'époque contemporaine, comme un os de paléothérium, d'une période particulière de l'époque tertiaire.

Je recommande pour l'étude des Fossiles le *Traité de Paléontologie* de Pictet (4 vol. et atlas) et le *Traité de Paléontologie végétale* de M. Schimper (2 vol. et planches, Bibliothèque de la Faculté). La *Zoologie et Paléontologie françaises* de M. le Professeur Gervais (1 vol. et atlas, Bibliothèque de la Faculté) consacrée à l'étude des Vertébrés, nous intéresse particulièrement par la description spéciale qu'elle renferme, des genres et des espèces dont les débris ont été trouvés dans le département de l'Hérault et dans le midi de la France en général.

La Bibliothèque de la Faculté possède aussi la *Paléontologie française* de d'Orbigny et la *Suite* qui en est publiée par livraisons pour les Fossiles animaux et les Fossiles végétaux ; elle renferme encore un grand nombre de publications de la *Société Paléontologique* de Londres, où se trouvent des monographies accompagnées de nombreuses planches.

Ces ressources bibliographiques sont heureusement complétées par un très-grand nombre de fossiles en nature, que nos Collections renferment de chacun des terrains.

Homme fossile.— La question de savoir s'il y a des hommes fossiles a été souvent posée; elle eût été résolue par l'affirmative dès le premier jour, si dès le premier jour on avait donné au terme de «fossile» le sens qui lui convient. Mais la notion qu'il exprime est demeurée jusqu'ici obscure et confuse, enveloppée qu'elle n'a cessé d'être dans certaines conditions mal définies d'état particulier de conservation, d'époque et de lieu d'enfouissement ; aujourd'hui que cette notion a été ramenée à sa signification première et tout à fait générale d'êtres ou de débris enfouis dans le sol «*fossilia petrefacta*», la question de l'homme fossile doit scientifiquement se poser de la manière suivante : entre les nombreuses générations que le Géologue a reconnues s'être succédé sur le globe, quelle est celle au milieu de laquelle l'homme a fait son apparition ?

Fucoïdes.— Nom donné à des empreintes végétales qui rappellent les formes de nos Fucus.

Ces empreintes se trouvent parfois en quantité si considérable, qu'elles couvrent des bancs entiers de Roches calcaires, sur d'immenses étendues ; de là le nom de *Calcaires à Fucoïdes* qu'on donne à ces dépôts (Castelnau près Montpellier, Murviel près Saint-Georges, mont Saint-Loup, montée d'Arboras, etc.).

G.

Garumnien. — Dénomination tirée du nom du département de la Haute-Garonne, par laquelle M. le Professeur Leymerie a désigné un ensemble de couches marquées d'un cachet minéralogique et organique spécial qu'il a observé à Ausseing (arrondissement de Saint-Gaudens, canton de Salies). Ces couches sont, les plus basses marines ou d'eau saumâtre, les médianes lacustres, les supérieures marines.

En poursuivant vers l'Est cet ensemble si hétérogène de dépôts, M. Leymerie a cru reconnaître qu'il changeait de caractère, devenait exclusivement lacustre et s'identifiait par des passages latéraux graduels avec la partie supérieure d'une série de dépôts observés par feu Tallavigne dans l'Aude, près d'Alet, et nommés par feu d'Archiac système d'Alet.

C'est sous cette même forme exclusivement lacustre que le Garumnien se prolongerait, suivant M. Leymerie, jusque dans l'Hérault, et y formerait les surfaces marquées G sur ma Carte réduite, R sur mes Cartes détaillées, remarquables par l'horizon rutilant qu'elles constituent dans nos contrées.

Je réserve pour la description géologique de l'Hérault la discussion dont le parallélisme admis par M. Leymerie et la véritable situation de cet ensemble de couches ont été les objets, et, pour ne pas prendre dès aujourd'hui parti dans ces débats, j'ai placé dans mon Tableau (pag. 94) cette formation sous la dénomination plus générale, qui ne peut soulever aucune contestation, de *Formation lacustre Sous-Nummulitique* (Voir le mot *Lacustre Sous-Nummulitique*), dans une position intermédiaire entre le crétacé et le tertiaire.

J'ajouterai seulement, pour la meilleure intelligence des faits géologiques de nos environs, qu'à Villeveyrac, le Garumnien, tel que M. Leymerie l'a compris, pourrait bien ne comprendre ni les rochers dentelles ni les grès et marnes de Villeveyrac (Voir Légende du Tableau, pag. 94, et Cartes détaillées de Béziers et de Montpellier). M. Matheron, qui a eu l'occasion d'étudier ces mêmes dépôts en Provence, où ils présentent un plus grand développement que dans nos contrées, a été amené, par des considérations de stratigraphie et de paléontologie, à détacher nos rochers dentelles et nos grès et marnes de Villeveyrac du Garumnien de M. Leymerie et à les rapporter à un terme différent de la série géologique. J'ai établi cette séparation sur la Carte géologique (feuilles des arrondissements de Béziers et de Montpellier).

Gneiss. — Roche ayant la composition du Granite. Le Mica (Voir ce mot) est disposé en lits ou bandes qui donnent à la roche une texture schisteuse (plateau de l'Espinouse, arrondissement de Saint-Pons).

Goniatites. — Tribu éteinte de la famille des Ammonites (Voir ce mot), caractérisée par des cloisons non ramifiées, mais sinueuses ou anguleuses; s'offrent en très-grande abondance dans certains bancs de calcaire de la période devonienne, d'où le nom de *bancs à Goniatites* (région de Cabrières, arrondissement de Béziers).

C'est la présence des Goniatites, dont l'intérieur est le plus souvent changé en carbonate de chaux blanc (spath), qui donne lieu aux taches blanchâtres que présente parsemées à sa surface un calcaire d'un rouge foncé, connu sous le nom de *marbre de Caunes* ou plus généralement sous celui de *Marbre griotte*. Ce marbre s'exploite dans l'Hérault, dans les carrières de la Bouriette près Félines-d'Hautpoul. (Voir Carte de l'arrondissement de Saint-Pons.)

Granite. — Roche formée d'un assemblage cristallin et grenu de trois espèces minérales : Feldspath, Mica et Quartz (Voir ces mots) ; le feldspath s'y distingue par son éclat gras, le quartz par son éclat vitreux, le mica par sa disposition en petites lames noires, blanches, uniformément disséminées dans la masse (plateau de l'Espinouse).

Granite-Gneiss. — Je désigne sous ce nom, avec le plus grand nombre de mes Collègues, une sorte de Granite plus caractérisé par sa liaison intime avec les Gneiss, par sa disposition stratoïde, son allure de masse enveloppante, traits divers qui l'assimilent aux Roches cristallophylliennes , que par des particularités de lithologie pure ; cependant ce granite renferme assez habituellement deux micas, l'un foncé, l'autre clair, et sa texture est ordinairement schisteuse. Le Granite-Gneiss répond au Granite neptunien d'Alexandre Brongniart (*Tableau des terrains*, 1829, pag. 330), au Granite schisteux de M. Gruner (*Description de la Loire*).

On ne saurait trouver une meilleure représentation des allures géologiques respectives du Granite-Gneiss et du Granite porphyroïde (Voir ce mot) que dans la coupe théorique du mont Pilat donnée par M. Gruner dans sa *Description de la Loire*, pag. 101 (Bibliothèque de la Faculté).

Granite porphyroïde. — Granite où le feldspath a pris de grandes dimensions et revêtu une forme prismatique très-nette, à larges faces (plateau de l'Espinouse); ne renferme le plus souvent qu'un seul mica, foncé de couleur; forme des enclaves transversales (Granites typhoniens de Brongniart) au milieu des Gneiss , des Micaschistes et des Schistes talqueux (montagne de l'Espinouse).

Grès. — Roche de sable plus ou moins grossier, agglutiné par

un ciment de nature semblable ou non semblable à celle
des grains agglutinés.

Grès siliceux ou *quartzeux.* — Grès composé de grains
de Quartz. (Voir ce mot.)

Grès calcaire. — Grès composé de grains calcaires.

Grès bigarré. — Roche de Grès siliceux déposée dans les premiers temps de l'époque secondaire, au commencement
de la période triasique ; remarquable par la variété de
ses couleurs et la constance de ses caractères dans toutes
les localités du globe où elle s'est formée. (Voir le mot
Horizon géognostique.)

Grès de Saint-Chinian. — Couches de Grès siliceux dont les
grains atteignent le plus souvent la dimension de fragments, au point d'en faire plutôt une roche de Conglomérat (Voir ce mot) qu'un véritable Grès.

Ce Grès, très-développé dans la région de Saint-Chinian, de Cruzy et de Quarante (arrondissements de
Saint-Pons et de Béziers), paraît se rattacher à l'un des
termes de la formation lacustre Sous-Nummulitique
(Voir ce mot, et Tableau, pag. 94). D'autre part, il présente certaines analogies avec le Grès bigarré, avec
lequel il a été quelquefois confondu.

Je lui ai donné la couleur du Grès bigarré, mais l'en
ai distingué au moyen des lettres GR au lieu de GB, et
l'ai appelé *Grès de Saint-Chinian,* en attendant que
de nouvelles observations aient définitivement fixé sa
place dans l'échelle géologique.

Grès de Villeveyrac. — Couches de Grès siliceux avec
empreintes d'Unios (Voir ce mot), atteignant une
grande épaisseur, et associées à des marnes panachées
et à des calcaires qui renferment des débris organiques de milieu lacustre (physes, paludines); très-
développées dans la région de Villeveyrac, y supportant les calcaires de Rognac (Voir ce mot), qui les séparent de la formation Garumnienne (Voir ce mot). J'ai

cru bien faire, à cause de leur rôle dans cette région, de les distinguer par une ponctuation spéciale (Cartes des arrondissements de Montpellier et de Béziers).

Grès du Keuper. — Voir le mot Keuper.

Gypse (Plâtre). — Espèce minérale composée de sulfate de chaux hydraté; a formé dans nos régions, durant la période du trias, des dépôts exploitables. Exemple : plâtrières de Saint-Étienne de Gourgas (arrondissement de Lodève), de Roujan, de Thezanel près Cazouls-lès-Béziers (arrondissement de Béziers). On trouve encore du Gypse, mais en amas moins abondants, dans le lias supérieur, dans les marnes lacustres (environs de Nissan) et aussi dans les schistes noirs Sn. (Voir Cartes détaillées, G suivi d'un point (G.).

H.

Horizon géognostique.— Ensemble de caractères lithologiques auxquels peuvent se joindre les caractères topographiques, c'est-à-dire d'allure particulière dans le relief, qui permet à certaines formations de se discerner de loin et de constituer à ce titre des *Horizons* naturels, aisément reconnaissables dans une vue panoramique de la région.

Cette lecture à distance, possible le plus souvent, de certains feuillets du globe, est la source d'une grande satisfaction pour le Géologue, sous les yeux duquel les terrains qu'il étudie viennent se profiler dans leur situation respective et comme se disposer d'eux-mêmes sur la carte où leurs contours doivent être dessinés.

Il n'est pas de région qui, bien étudiée, ne soit susceptible de présenter de pareils horizons; mais, d'une manière générale et universelle, le Trias et le Terrain Houiller sont les deux dépôts qui se trahissent le mieux à l'œil par des caractères lithologiques qui leur appartiennent en propre et qu'ils ont la particularité de présenter partout. Dans l'Hérault, les terrains Permien, Garumnien et Jurassique supérieur constituent des horizons discernables de très-loin.

Horizon se dit aussi du millésime qu'imprime à un dépôt mince ou épais, d'une extension géographique considérable, une espèce organique dont l'existence s'est trouvée limitée à la durée de ce dépôt.

Exemples : Horizons de l'Ostrea crassissima, du Dinothérium, du Paléothérium, etc.

Horizon coralligène à Terebratula Repellini. — Ensemble de couches renfermant des polypiers et caractérisées par la présence d'une espèce de brachiopode que quelques Géologues rapportent à la *Terebratula moravica*, de Glocker ; d'autres, que j'imite, à la *Terebratula Repellini* de d'Orbigny, et dont l'existence s'est trouvée limitée à la durée du dépôt de ces couches (surfaces J³ de mes Cartes détaillées).

J'ai introduit cette expression dans la Légende de mes Cartes détaillées, aux lieu et place de celle de *Corallien*, usitée en Géologie ; on retrouvera les raisons de cette substitution au mot Corallien.

Houille (de *Hulla*, vieux mot Saxon). — Charbon de terre. Combustible minéral donnant, à l'analyse, du carbone, de l'hydrogène, de l'oxygène, de l'azote, le tout mélangé d'une petite quantité de matière pierreuse, principalement d'argile.

Houiller (Terrain). — Période de l'époque primaire durant laquelle la végétation, susceptible de donner la houille, s'est particulièrement développée. La houille, comme espèce de combustible minéral, a pu se produire à toutes les époques ; mais le nom de *Terrain houiller* est spécialement réservé aux dépôts d'une période exceptionnellement privilégiée sous le point de vue des circonstances favorables à la formation de ce combustible; ces conditions se sont trouvées satisfaites simultanément sur tout le globe, dans les limites d'une même période de temps qui a suivi la période devonienne et précédé la période permienne.

I.

Ignées (Roches).— (Voir Note de la pag. 13.)

Ignée et **Ignéo-aqueuse** (Ères).— (Voir le mot *Ère*.)

Infra-Lias.— Ensemble de couches inférieur au Lias (Voir ce mot) et supérieur au Trias (Voir ce mot); caractérisé par une faune spéciale; ne se distingue pas dans l'Hérault d'une manière nette au point de vue lithologique du Lias ni du Trias; rattaché à tous deux dans mes Cartes détaillées. (Voir Légendes et le mot *Partim* dans le Vocabulaire.)

Inclinaison des couches. — Les couches ne sont pas toujours horizontales, elles sont au contraire le plus souvent inclinées.

Un livre peut reposer à plat sur une table : dans ce cas, il est dit placé horizontalement; il peut être debout, et alors il est dit vertical. Dans l'une quelconque des situations intermédiaires, il sera dit incliné, et fera un angle plus ou moins ouvert avec la surface plane de la table; il offrira en même temps une ligne de plus grande pente qu'on appelle ligne de plongement; son bord supérieur formera une seconde ligne perpendiculaire à la première, qu'on nomme ligne de direction.

Ces diverses situations peuvent être affectées par une couche; dans la situation inclinée, elle offrira, comme le livre, une ligne de plongement et une ligne de direction. On exprime ordinairement ces deux lignes par une flèche terminée par un trait horizontal à l'extrémité opposée à la pointe (Voir Cartes détaillées). Le trait exprime la direction, la pointe la ligne et le sens du plongement ; la situation de la flèche sur la Carte indiquera donc l'orientation du plongement des couches et celle de leur direction , toujours perpendiculaires l'une à l'autre.

J.

Jurassique.— (Voir *Oolithe*.)

K.

Keuper. — L'un des trois termes, le supérieur, de la série triasique. (Voir pag. 65.)

Grès du Keuper. — J'ai désigné sous ce nom, dans la Légende de la Carte détaillée de Béziers, un dépôt de grès qui s'observe entre Neffiès et Fontés, et qui, par sa situation au-dessus de couches calcaires et de marnes avec gypses, me paraît devoir être rattaché au Keuper, malgré l'analogie lithologique de quelques-uns de ses bancs avec le Grès bigarré de Lodève, et aussi malgré la faible distance qui le sépare d'un grès développé à Gabian, que ses caractères et sa situation me font rapporter au Grès bigarré.

Ces deux grès, à si faible distance l'un de l'autre, auraient été placés au même niveau s'il eût été possible de saisir entre eux le caractère sans réplique de la continuité des couches; mais le grès de Neffiès paraît se terminer à quelque cents mètres à l'Ouest et se subordonner à des couches calcaires que l'on ne constate généralement pas dans le régime du Grès bigarré de nos régions. Le grès de Gabian, au contraire, en paraît indépendant.

Je maintiendrai cette distinction jusqu'à ce que des observations nouvelles m'aient permis de mieux saisir les différents niveaux de cet ensemble si complexe de

couches qui rappelle celui qu'Émilien Dumas a observé
dans le Gard, et qu'il a rapporté au Keuper.

L.

Labrador. — Espèce de feldspath dans la composition de laquelle la chaux entre en proportion notable.

Lacune.—On entend par *Lacune*, en Géologie, l'absence dans
une contrée de l'un des termes d'une série de dépôts,
analogue au fait de l'absence, dans une bibliothèque,
de l'un des tomes d'un ouvrage en plusieurs volumes.

On sait que la série naturelle des terrains comprend,
en allant de haut en bas, le terrain tertiaire, le terrain
secondaire et le terrain primaire. Il y aura lacune quand,
le terrain secondaire manquant, le terrain tertiaire
reposera directement sur le terrain primaire. On sait
encore que chacun de ces terrains se compose d'une
série de formations ; que le terrain jurassique, par
exemple, comprend le terrain jurassique supérieur, le
terrain jurassique moyen, le terrain jurassique inférieur ; si les représentants du jurassique moyen manquent, il y aura lacune ; ou encore si, le jurassique
inférieur manquant, le jurassique moyen recouvre
directement le terrain triasique.

Entre les exemples de lacunes que je pourrais citer
dans le département, je choisis celui que m'offre la localité de Villeveyrac.

Le terrain oxfordien (partie du jurassique moyen)
se trouve recouvert, à Villeveyrac, par des dépôts que
leur millésime organique fait correspondre au Calcaire
de Rognac de Matheron (Voir Rognac), et au Garumnien de Leymerie. (Voir Garumnien.)

Ces deux formations appartiennent par leur faune à la
partie supérieure du terrain crétacé pour quelques Géologues, à la partie inférieure du terrain tertiaire pour
d'autres. Il manque donc ici, au-dessus de l'oxfordien,

la partie supérieure du terrain jurassique et les portions inférieure, moyenne et peut-être même supérieure du terrain crétacé. Cette absence constitue une Lacune.

On peut expliquer le fait d'une lacune en supposant que, pendant que les formations qui manquent dans une région se déposaient dans une autre, le sol de la contrée où existe la lacune se trouvait émergé de façon à empêcher tout dépôt, jusqu'au moment où les eaux ont pu à nouveau, par suite d'un mouvement d'abaissement du sol, envahir la région et y opérer des sédiments, marqués nécessairement d'un millésime organique plus récent. Ce moment serait arrivé pour Villeveyrac, quand les portions supérieures du terrain crétacé ou les dépôts tertiaires inférieurs allaient se déposer.

Ce fait d'une lacune si intimement rattaché à la dynamique du globe doit nous mettre en garde contre la tentation que nous aurions de considérer comme formant une série régulière et continue dans le temps toute succession de dépôts superposés ; les dépôts qui se recouvrent directement peuvent, on le voit par l'exemple de Villeveyrac, être séparés les uns des autres par des intervalles de temps considérables.

Lacustre. — Ce terme désigne des dépôts opérés dans des masses d'eau douce formant des lacs ; le milieu *lacustre* se trahit par une faune spéciale. Un certain nombre d'animaux ne pouvant vivre que dans l'eau douce, comme les physes, les planorbes, les lymnées, il est logique de penser qu'une roche qui ne contient que des débris d'animaux de cette sorte n'a pas été déposée dans la mer.

Les dépôts lacustres occupent les surfaces marquées L sur la Carte réduite, et L, L[1], L[2] sur les Cartes détaillées.

Certains caractères minéralogiques que présentent la pâte et la texture de la roche en question paraissent particuliers à ce mode de formation ; nos calcaires d'Assas, de Grabels, de Causses, d'Assignan, ne ressemblent pas aux calcaires marins. (Voir ces différents calcaires dans les collections de la Faculté.)

Lacustres (Couches) intercalées. — Ces couches, intercalées dans les marnes jaunes de la molasse M (Carte réduite), M^{ol} (Cartes détaillées), sont dues probablement à de légères oscillations du sol ou à l'arrivage et à l'accumulation de sédiments fluviatiles sur certaines portions des surfaces sous-marines. Ces sédiments sont marqués Lm dans mes Cartes détaillées.

Lacustre Sous-Nummulitique (Formation). — Formation lacustre déposée antérieurement au terrain caractérisé par la présence des Nummulites ; pour bien juger de cette antériorité , il faut se transporter dans le département de l'Aude, à Alet, non loin de Limoux : on y voit des couches vraiment faites de Nummulites , en recouvrement immédiat sur la formation lacustre en question.

Cette formation comprend dans mes Cartes détaillées les Calcaires de Rognac de M. Matheron, et le Garumnien de M. Leymerie. (Voir ces mots.)

Laves. — Ce terme ne désigne pas une nature de roche spéciale, mais une certaine disposition d'être des produits de fond analogue à celle qu'affectent les matières qui s'épanchent de nos volcans actuels : disposition en coulées, sortes de lanières étroites et allongées que reproduisent assez bien les basaltes épanchés des clos de Nizas (près Pézenas) et qui se montrent sur ma Carte détaillée de l'arrondissement de Béziers sous la forme de masses très-rétrécies et très-allongées.

Cette manière d'être des produits de fond ne se rencontre guère que dans ceux de date tout à fait récente.

Lias. — (*Lias*, en anglais, expression de carrier, venant peut-être de *layers*, lits, strates).

Nom donné à un groupe de couches déposées dans les premiers temps de la période jurassique.

Lias inférieur. — Partie inférieure du groupe ci-dessus, caractérisé par une faune spéciale; n'a pas été constaté d'une manière certaine dans l'Hérault, ce qui motive le point d'interrogation (?) marqué dans la Légende. (Voir Cartes détaillées.)

Lias moyen. — Calcaire.

— Marneux.

Partie moyenne du lias composée : dans les couches inférieures, de calcaires ; dans la partie supérieure, de marnes.

Lignite. — Combustible minéral ayant conservé plus de traces de son origine végétale que la houille.

Se trouve particulièrement dans les formations de notre région appartenant à l'époque tertiaire : lignites de Coulondres près Saint-Gély; de Viviers (arrondissement de Montpellier); de la Caunette (arrondissement de Saint-Pons), où il est exploité.

Lophiodon. — Genre de Mammifère pachyderme rapproché des Tapirs.

On en trouve des débris incrustés dans des roches de grès près de Cesseras (arrondissement de Saint-Pons).

M.

Marne. — Variété de calcaire contenant de 30 à 60 % d'argile, susceptible de se déliter dans l'eau et de se réduire en poudre par l'effet de la gelée.

Dans les diverses dénominations qui suivent, le terme de Marne a une signification vague, exprimant un mélange en proportion variable de calcaire et d'argile :

13

Marne calcaire, argileuse.— Suivant la proportion prédominante du calcaire ou de l'argile (environs de Montpellier).

Marnes bleues.— Dépôt très-épais et très-étendu qui s'observe dans le département (M de la Carte réduite, M^ol des Cartes détaillées), contenant des débris d'êtres marins, parmi lesquels se distinguent de grandes huîtres (plaine de Fabrègues, de Béziers, Nissan, etc.).

Marnes jaunes. — Couches supérieures du dépôt précédent, s'en distinguant par leur couleur jaunâtre.

Marnes irisées. — Dépôt de marnes présentant des couleurs variées, forme ordinaire du groupe de couches appelé *Keuper*. (Voir ce mot.)

Marnes supraliasiques. — Partie supérieure du Lias (Voir ce mot) formée de Marnes présentant une faune différente de celle de la portion marneuse du Lias moyen. (Voir ce mot.)

Marnes schisteuses rouges monochromes formant, en particulier dans l'arrondissement de Lodève, un Horizon (Voir ce mot) remarquable; correspondant aux derniers temps de la période permienne. (Voir le mot *Permien.*)

Mastodonte. — Genre éteint de Mammifère, très-rapproché de nos éléphants actuels, dont il se distingue par la forme de ses dents : couronne simple, hérissée de mamelons coniques, réunis de manière à former un certain nombre de collines transversales qui ne sont point réunies par du cément.

Mastodon brevirostris Paul Gervais. — Espèce qui a vécu sur notre continent pendant le dépôt des sables de Montpellier ; les débris de l'animal mort ont été entraînés par des courants dans la mer au milieu des sables ; il s'en trouve assez souvent dans nos sablonnières de Figuerolles, de la Citadelle, etc.....

Je dois signaler le fait de la présence d'une dent de Mastodonte au milieu du Cailloutis (Voir ce mot) qui recouvre la région de Coussergues au nord de Vias (Carte détaillée de l'arrondissement de Béziers) ; j'ai marqué d'une étoile le lieu où la dent a été trouvée. Il s'en est encore découvert une tout récemment à Servian (arrondissement de Béziers), dans des sables rouges qui paraissent se rattacher aux dépôts détritiques et chimiques concrétionnés rougeâtres (Mm des Cartes détaillées).

Ces gisements de Coussergues et de Servian présentent ce caractère de ressembler plutôt à des dépôts quaternaires qu'à des sédiments tertiaires. La présence de Mastodontes tendrait à les vieillir, à moins que nous n'eussions affaire, ce qui serait tout à fait nouveau, à un Mastodonte quaternaire, ou, ce qui serait plus ordinaire, à un simple cas de transport de fossile tertiaire dans un terrain détritique quaternaire. Les sables rouges de Servian pourraient à la rigueur n'être qu'une forme de nos sables de Montpellier, qui se retrouveraient ainsi, comme quelques indices le feraient croire, sur plusieurs points avancés dans les terres de notre département (Mastodonte d'Abeilhan, arrondissement de Béziers), mais le cailloutis ne saurait en être un équivalent ; il les recouvre à Montpellier même, et d'autre part sa composition et sa distribution géographique semblent le rattacher à l'ordre de phénomènes qui caractérise plus particulièrement l'époque quaternaire.

Maxima pars. — Expression latine signifiant que *la plus grande partie* d'une formation présente tel ou tel caractère, appartient à tel ou tel âge du globe, répond à telle ou telle dénomination. Ainsi, lorsque je dis dans ma Légende de la Carte de Béziers, à propos des calcaires paléozoïques : Devonien (*maxima pars*), j'entends dire que je regarde la plus grande partie de ces calcaires comme datant de la période devonienne.

Mélaphyre. — Roche à grains très-fins ou compacte, formée de cristaux de Pyroxène, d'Amphibole et de Labrador (Voir ces mots), très-petits, au milieu desquels s'en développent quelques-uns plus gros de l'une ou de l'autre des trois substances constituantes.

Ne se trouve pas dans l'Hérault.

Mica. — Espèce minérale divisible en feuillets minces, élastiques, à surface brillante, de couleurs diverses, composée de silice, d'alumine, de potasse, de chaux, d'acide fluorique, de lithine et de magnésie.

Micaschiste. — Roche composée d'un mélange grenu, cristallin, de quartz et de mica, ayant une structure feuilletée (roches du revers sud de l'Espinouse).

Moellon. — (Voir le mot *Calcaire*.)

Molasse. — Ce mot a une double signification : au sens lithologique, il signifie un grès argileux ou calcaire, ou même siliceux ; au sens géologique, il désigne une roche de nature gréseuse, calcarifère ou quartzeuse, dure ou tendre, déposée durant la période miocène de l'époque tertiaire.

Cette dénomination a pris son origine dans le S.-O., où les roches de cette période présentent généralement peu de solidité.

Molasse à dragées. — Calcaire moellon pétri de fragments ellipsoïdaux de quartz blanc, dont il a été question à propos des Dépôts Fluvio-Marins. (Voir ces mots.)

Muschelkalk. — Dépôt calcaire constituant la partie moyenne du *Trias*. (Voir pag. 65.)

Il serait difficile d'affirmer que le Muschelkalk existe dans l'Hérault ; on y trouve pourtant quelques formes organiques communes dans cette formation, mais on ne retrouve pas sa forme lithologique ordinaire. Tout au plus pourrait-on en voir un faible représentant dans quelques couches calcaires placées dans l'arrondissement de Lodève, entre le Grès bigarré et les marnes du Keuper (environs d'Olmet). On a cru le reconnaître aussi à Neffiès.

N.

Néocomien. — Groupe de couches déposées durant les premiers temps de la période crétacée (Voir pag. 66), renfermant une faune particulièrement riche aux environs de Neuchâtel (Suisse), d'où son nom (*Neocomum*, Neuchâtel) (surface N de ma Carte réduite, Né de la Carte de l'arrondissement de Montpellier).

Nummulite. — Genre de Foraminifère ressemblant par sa forme arrondie et plate à une petite pièce de monnaie (*Nummulus*).

Nummulitique (Terrain). — Mauvaise dénomination consacrée par l'usage pour désigner les sédiments des premiers temps de la période tertiaire; elle est mauvaise en cela que les Nummulites (Voir ce mot) n'ont pas vécu et pullulé seulement dans ces premiers temps ; on les retrouve plus haut dans la série, dans des temps plus récents, correspondant au Miocène. (Voir pag. 66.)

Nos couches à alvéolines du causse de Minerve appartiennent aux premiers temps de la période tertiaire (surface n de ma Carte réduite, N de la Carte détaillée de l'arrondissement de Saint-Pons).

O.

Oolithe. — Nom donné en Angleterre à la série des couches qui ont immédiatement suivi le dépôt du Lias (Voir ce mot) et précédé la période crétacée; la structure qui les caractérise et qui consiste en un assemblage de grains

ressemblant à des œufs en pierre (ὠόν, œuf, λίθος, pierre)
a motivé cette appellation.

Plus tard, on reconnut que la même succession de
faunes qui caractérisait la série oolithique d'Angleterre
se représentait absolument la même en France, dans les
calcaires et les marnes qui constituent nos montagnes
du Jura. La structure oolithique ne s'y retrouve qu'im-
parfaitement et localement développée. On a dès-lors,
en France, substitué la dénomination de terrain jurassique à celle de terrain oolithique ou d'oolithe.

Grande oolithe. — Niveau particulier caractérisé par une
faune spéciale dans la grande formation oolithique
d'Angleterre. Cette dénomination a subsisté en France
pour désigner le même niveau fossilifère, malgré
l'absence du caractère lithologique.

Les mots de *Grande oolithe* figurent avec un point
d'interrogation (?) sur les Légendes de mes Cartes de
Béziers et de Montpellier. J'ai voulu indiquer par là,
d'une part, qu'il existe une série de dépôts d'une épaisseur parfois considérable (Saint-Guilhem-le-Désert)
entre le Calcaire à fucoïdes et l'Oxfordien, occupant par
conséquent la place naturelle de la Grande oolithe; et
d'autre part, qu'aucune preuve bien certaine n'a été
recueillie qui établisse que ces dépôts représentent
effectivement cet étage du terrain jurassique.

Oolithe inférieure. — Partie inférieure de la même grande
formation oolithique. Le nom d'*oolithe* a subsisté en
France, à cause de la présence d'oolithes ferrugineuses
fréquente à ce niveau, pour désigner le groupe particulier de cette formation, qui a immédiatement suivi
le dépôt du Lias.

Oolithe dolomitique, calcaire. — Désignations minéralogiques des formes différentes sous lesquelles ce groupe
particulier, l'*Oolithe inférieure,* se présente dans
notre région. (Voir Dolomie, Calcaire.)

Ophite.— Nom employé surtout dans la région des Pyrénées pour désigner des roches généralement vertes, qui sont, ou bien des Amphibolites, ou encore des Diorites. (Voir ces mots.)

Cette dénomination semblerait donc ne devoir pas être conservée comme ne répondant pas à une roche particulière; mais un cortége de phénomènes spéciaux qui, d'après certains Géologues, a accompagné l'apparition de ces roches, a paru constituer un ensemble de circonstances susceptible de légitimer une dénomination dépourvue d'un sens lithologique déterminé.

Ne se trouve pas dans l'Hérault.

Oscillatoire (Mouvement). — Mouvement d'abaissement et d'exhaussement éprouvé par une même surface durant une même époque ou une même période ou une division plus circonscrite des temps géologiques (Voir pag. 64). La réalité de ce double mouvement se traduit par des variations dans la nature, l'épaisseur, l'étendue et les conditions biologiques des dépôts correspondant à ses phases successives (Voir pag. 34). Ces variations, résultant d'un phénomène dynamique, s'offrent à chaque instant aux yeux de l'observateur.

Ostrea crassissima. — Espèce particulière d'huître (*Ostrea*) éteinte, généralement longue et possédant un test très-épais, constituant par son abondance et sa localisation dans un groupe de couches particulier un véritable Horizon (Voir ce mot). Elle a vécu vers la fin de la période Miocène (Voir pag. 66); se trouve sur un grand nombre de points de la surface M^{ol} de l'arrondissement de Béziers, en particulier.

Oxfordien. — Partie moyenne de la grande formation oolithique des Anglais, jurassique des Français; groupe de couches postérieur au dépôt de l'Oolithe inférieure; très-bien développé au double point de vue de l'épaisseur des sédiments et de la richesse de la faune aux environs d'Oxford (Angleterre), d'où son nom (surface J² de mes Cartes détaillées).

J'ai compris dans l'oxfordien les couches qui contiennent l'Ammonites polyplocus (Voir pag. 166 et Légende de la Carte détaillée de Montpellier) ; la difficulté de trouver dans nos massifs jurassiques une ligne physique de délimitation entre cet horizon et les couches qui le supportent, m'a empêché d'établir dans cette première édition de la Carte géologique de l'Hérault une séparation entre des dépôts que des indices d'une grande valeur porteraient, dès aujourd'hui, à considérer comme se rapportant à des moments bien différents des derniers temps de la période jurassique; ce travail de détermination plus rigoureuse se reprendra plus tard et conduira probablement à l'établissement d'une nouvelle division dans nos terrains jurassiques de l'Hérault.

P.

Paléothérium. — Genre éteint de Mammifère rappelant les tapirs.

A vécu sur notre continent, au bord des grands lacs où se sont déposés nos sédiments lacustres; ses débris ont été entraînés dans les lacs par les courants; il s'en est rencontré dans les lignites de Coulondres, près Saint-Gély.

Paléozoïque.— (Παλαιόν, ancien, ζῶον, animal).— Expression désignant les dépôts opérés durant l'époque primaire, dont la faune, en conséquence très-ancienne, est surtout caractérisée par la présence des Trilobites (Voir ce mot) et d'un grand nombre de Brachiopodes de forme spéciale. (Voir ce mot.)

Synonyme de Primaire.

Paléozoïque (Calcaire). — Calcaire déposé durant l'époque paléozoïque ou primaire, dont les débris organiques se rattachent à cette faune très-ancienne (Trilobites et Brachiopodes spéciaux).

Partim. — Le mot latin *partim*, qui figure à côté du nom de quelques dépôts sur les Légendes de mes Cartes détaillées, signifie que le terrain dont il accompagne le nom n'est qu'*en partie* représenté par la lettre et la couleur du rectangle correspondant ; ainsi, l'expression : Infra-lias (*partim*) veut dire que la surface occupée dans le département par l'Infra-lias n'est pas représentée en totalité, mais seulement en partie, par la couleur et la lettre du rectangle correspondant au Lias moyen et inférieur ; une autre partie en est également représentée par la couleur et la lettre du rectangle K. Cela provient de ce que l'Infra-lias et le Keuper se lient l'un à l'autre dans notre région par des caractères lithologiques communs, et qu'il a été malaisé de marquer sur la Carte une limite précise entre les deux. (Voir le mot Infra-lias.)

C'est le cas de beaucoup de dépôts qui se sont immédiatement suivis ; les caractères lithologiques se prolongent quelquefois au-delà de la limite que tendrait à établir la considération des changements survenus dans les organismes.

Pegmatite.—Roche formée d'un assemblage de feldspath et de quartz, le plus souvent en grosses parties ; présente aussi du mica en grandes lames (revers sud de l'Espinouse, le Caroux).

Péridot. — Espèce minérale vitreuse, vert bouteille, donnant à l'analyse de la silice, de la magnésie, du protoxyde de fer, du manganèse ; se trouve généralement développée en masses visibles amorphes ou cristallisées dans le Basalte. (Voir ce mot.)

Permien (Terrain). — Ensemble des dépôts effectués sur le globe après la formation de la houille. (Voir pag. 65.)

Le terrain Permien peut être considéré comme marquant l'intervalle de temps où se sont éteints le plus grand nombre des représentants de la grande faune de l'époque primaire et où ont commencé à se montrer ceux de la faune secondaire, si bien qu'il est compris par quelques Géologues dans l'époque primaire, et rapproché par d'autres de l'époque secondaire. Il m'a paru plus sage de le maintenir entre les deux. (Voir Tableau, pag. 94.)

Cet ensemble de dépôts affecte dans le département deux formes lithologiques distinctes et dans une position respective constante : des Schistes ardoisiers à la base, et des Schistes et des Grès rouges à la partie supérieure.

J'ai figuré ces deux sous-groupes, sur mes Cartes détaillées, par une couleur et une notation spéciales (Per[1] vert pour l'inférieur, Per[2] rouge pour le supérieur).

Pétrole. — Substance liquide, transparente, légère, incolore, ayant l'odeur bitumineuse, composée d'hydrogène et de carbone; abonde en Amérique (Kentucky, Tenessée, Canada...); suinte près de Gabian au travers du Conglomérat rouge. (Voir ce mot.)

La source de pétrole de Gabian est l'unique source de cette sorte en France.

Polypier. — Masse pierreuse calcaire que forment certains animaux appelés Polypes, en se soudant par la partie charnue de leurs corps et restant libres seulement dans la partie cylindrique, qui se termine à la bouche.

Ce sont ces masses pierreuses qui forment nos récifs de polypiers actuels, et qui ont, pendant la période jurassique en particulier, produit les bancs de calcaire blanchâtre auxquels on a donné spécialement le nom de bancs de Polypiers (*Coral rag*).

Des observations récentes tendent à établir que ce phénomène polypiérique s'est produit en des temps dif-

férents vers la fin de la période jurassique. (Voir le
mot *Corallien*.)

Polypiers (Calcaire à). — Bancs calcaires contenant un
grand nombre de Polypiers (environs de Cabrières
dans l'arrondissement de Béziers), plateau de la Sérane,
arrondissements de Lodève et de Montpellier). On
observe aussi un véritable récif de Polypiers dans la
molasse (M^{ol}) d'Autignac (arrondissement de Béziers).

Porphyre. — Roche formée d'une pâte feldspathique renfermant des cristaux de feldspath, avec ou sans quartz.
La variété sans quartz se trouve dans les environs de
Gabian et de Laurens (arrondissement de Béziers);
elle est souvent décomposée et prend alors le nom
d'Argilophyre (nord de Fouzilhon près Laurens).

La variété pourvue de quartz s'appelle Porphyre
quartzifère; elle se présente dans les environs de Graissessac (arrondissement de Béziers) et de Ceilhes (arrondissement de Lodève).

Poudingue (de l'anglais *Pudding Stone*, à cause de son aspect analogue au Plum Pudding).

Sorte de Conglomérat (Voir ce mot); roche composée de fragments dont la nature est très-souvent la
même et dont la forme est arrondie.

La colline d'Aiguelongue près Montpellier, une partie des régions de Saint-Gély, d'Assas (arrondissement
de Montpellier), sont formées de Poudingues calcaires.
Certains bancs de Grès (Voir ce mot) du Terrain Houiller, du Trias ou du Terrain lacustre de nos divers
arrondissements, présentent des cailloux de quartz
d'un assez gros volume pour constituer des Poudingues
siliceux.

Il me paraît utile de faire remarquer, à propos des
Poudingues, que cette sorte de roche peut être formée
de fragments détachés de terrains très-anciens et être
pourtant d'une date très-récente : les alluvions de

l'Orb et de l'Hérault présentent des agglomérations
solides de fragments de calcaires très-anciens, et sont
pourtant très-modernes. L'âge d'un Poudingue ne saurait donc être fixé par l'âge des fragments qui le forment, mais seulement par le millésime organique du
terrain dont il fait partie: ainsi, les Poudingues de Saint-
Gély et d'Assas sont tertiaires, quoique formés d'éléments du terrain jurassique et aussi de terrains plus
anciens.

Je crois encore intéressant de faire observer que les
Poudingues sont, par leur mode de formation, très-
propres à nous démontrer la notion, fondamentale en
Géologie, de succession dans les phènomènes : fragmen-
tation de roches solides, leur entraînement par les eaux,
leur précipitation, leur agglutination…, et que, d'autre
part, leur situation quelquefois très-redressée, comme
celle des Poudingues de Fontfroide, Clapiers, Prades,
Montoulieu (arrondissement de Montpellier), ne démontre pas avec moins de netteté les mouvements
qu'ont dû subir les couches une fois formées, par l'im-
possibilité où l'on se trouve de supposer que des strates
de cette nature aient pu se former dans une pareille
situation ; c'est l'observation des Poudingues redressés
de Valorsine (massif du Mont-Blanc) qui a révélé à de
Saussure la grande réalité des dislocations survenues
dans les Alpes; nos humbles environs ne sont pas moins
éloquents sous ce rapport.

Ce sont encore les Poudingues qui nous permettront
d'apprécier la date relative de l'intrusion de nos Roches
de fond (Voir pag. 22). Si un Poudingue tertiaire contient des fragments de basalte, c'est qu'antérieurement
au dépôt tertiaire il se sera produit une éruption de
basalte dans la contrée. La date de l'intrusion de nos
porphyres serait mieux fixée qu'elle ne l'est, si des fragments en avaient été observés dans les Poudingues de
l'un quelconque de nos terrains.

Poudingues calcaires supérieurs aux sables marins.—
Couche irrégulière en puissance et en étendue, de
cailloux généralement calcaires, de grosseur moyenne,
lâchement cimentés, qui sur certains points recouvre
les sables marins (environs de Montpellier, quartier de
la Cavalade; environs de Saint-Jean-de-Védas... etc.).
C'est au milieu des éléments de ces Poudingues que
dans une sablonnière, à Saint-Jean-de-Védas, près le
chemin de fer, il m'a été facile d'observer comment
des cailloux en contact immédiat peuvent s'impres-
sionner mutuellement, grâce à l'eau chargée d'acide
carbonique qui ne cesse d'humecter ces couches caillouteuses superficielles.

Pouzzolane. — Fragments plus ou moins atténués de basalte
scoriacé, plus ou moins décomposés, souvent rougis par
l'oxyde de fer, employés pour la confection des mor-
tiers hydrauliques : Saint-Thibéry, les Monts (arrondissement de Béziers), exploitation actuelle; Agde,
mont Saint-Loup, exploitation ancienne.

Productus. — Genre de Brachiopode (Voir ce mot) auriculé ;
grande valve très-convexe, à crochet recourbé ; test
perforé par des tubes épars accumulés surtout vers les
oreillettes.

Le développement du genre Productus caractérise une
période spéciale à laquelle des raisons locales ont valu
le nom de calcaire Carbonifère (Cabrières, Vailhan).

Pyroxène.—Espèce minérale verte ou noire, donnant à l'analyse de la silice, de la chaux, de l'oxyde de fer et de la
magnésie.

La variété noire appelée Augite entre dans la composition du Basalte. (Voir ce mot.)

Q.

Quartz. — Espèce minérale composée de silice pure.

Se présente en plusieurs lieux sous forme de cailloux ou de bancs. (Voir le mot *Silex.*)

Quartz (Filon de). — (Voir le mot *Filon.*)

Quartz à encrines.—Bandes quartzeuses remplies d'encrines (Voir ce mot), formant des bandes interposées dans des calcaires de l'époque primaire (environs de Vailhan, de Laurens, arrondissement de Béziers).

Quartzite. — Roche de Quartz grenu à grains agrégés sans ciment.

Les cailloux si nombreux de la plaine de la Crau, qui s'étendent jusque près de Montpellier, sont pour la plupart des Quartzites.

R.

Roche. — Masse minérale d'une composition déterminée, entrant pour une part importante dans la constitution du globe terrestre.

Le mode de groupement que j'ai adopté en Roches ignées (Voir pag. 13), Roches cristallophylliennes, Roches sédimentaires ou aqueuses, correspond aux trois Ères successives de l'histoire de notre globe. (Voir le mot *Ère.*)

Roches vertes. — Famille très-naturelle de Roches ignées (Voir note pag. 13) correspondant à celle des *Grünstein* des Allemands; d'une couleur généralement verte (vert clair ou vert foncé); d'un grain généralement peu distinct; de composition variable, mais généralement peu riche en silice; d'extension géographique relativement restreinte, se rapportant généralement à l'époque secondaire pour la date de leur intrusion.

J'ai cité comme Roches de ce groupe : l'Amphibolite, la Diorite, le Mélaphyre, l'Ophite, la Serpentine. (Voir ces mots.)

Rognac (Calcaire de). — Groupe de couches calcaires développées à Rognac (Bouches-du-Rhône), renfermant une faune spéciale que M. Matheron retrouve dans les calcaires qui forment nos rochers dentelles de l'abbaye de Valmagne (arrondissement de Montpellier), et qu'il regarde comme occupant dans le terrain crétacé une place immédiatement inférieure au terrain Garumnien de M. Leymerie.

S.

Sable. — Roche meuble composée de grains de différentes substances minérales, et plus particulièrement de quartz, mais aussi tout ensemble de quartz et de calcaire, variant par la grosseur des grains.

Sables marins de Montpellier. — Sables silicéo-calcaires étendus sur une grande surface aux environs de Montpellier, constituant la butte sur laquelle la ville est bâtie; ils contiennent des bancs d'huîtres (*Ostrea undata*) et un certain nombre d'autres animaux qui témoignent de leur dépôt dans un milieu d'eau salée, ainsi que des débris d'animaux terrestres, Rhinocéros, Mastodontes, Helix; ce mélange indique un régime de choses analogue à nos estuaires.

Schiste. — (Du grec Σχίζω, fendre, à cause de la facilité avec laquelle la roche ainsi nommée peut se réduire en feuillets). Roche formée d'un silicate d'alumine avec ou sans eau, à texture feuilletée, indélayable dans l'eau, ce qui la distingue de l'argile.

Schiste amphibolique. — Schiste pénétré d'Amphibole passant à l'Amphibolite. (Voir ces mots.)

Schistes ardoisiers. — Schistes d'une fissilité et d'un grain propres à les rendre susceptibles d'être employés comme ardoises (Surfaces Per¹ des Cartes détaillées), particulièrement remarquables à Lodève (quartier de la Tuilière) par les nombreuses empreintes végétales qu'ils présentent. (Voir le mot *Walchia.*)

Schistes carbonifères. — Schistes déposés durant la période carbonifère.

Schistes paléozoïques. — Schistes datant de l'époque primaire et contenant des fossiles de cet âge du globe.

Schisteux ou **Schistoïde** (texture). — Propriété d'une substance minérale de se diviser en feuillets minces à la manière des Schistes.

Scories. — Fragments de Basalte scoriacé (Voir ce mot) formant des buttes coniques à Agde et à Saint-Thibéry (arrondissement de Béziers); sont exploitées à Saint-Thibéry comme pierres à bâtir, et autrefois comme Pouzzolane (Voir ce mot) pour ciment hydraulique.

Serpentine. — Espèce minérale et Roche tout ensemble, c'est-à-dire espèce minérale jouant un certain rôle dans la constitution du globe ; c'est un hydrosilicate de magnésie.

Sidérolithique (Évent). — (Voir le mot *Évent.*)

Silex. — Variété de Quartz (Voir ce mot) généralement blonde et translucide sur les bords; forme des lits ou des nodules subordonnés aux calcaires lacustres. Il s'en trouve partout dans les terrains lacustres de nos environs, mais particulièrement aux environs de Saint-Martin-de-Londres.

Siliceux. — Synonyme de quartzeux, formé de Quartz. (Voir ce mot.)

Soulèvement. — Ce terme, dans son sens littéral, signifie une action dynamique se traduisant par l'élévation d'une certaine portion de la surface terrestre à un niveau supérieur à celui ou elle se trouvait.

Le terme de Soulèvement s'est introduit dans le langage géologique dès les premiers temps où l'on a commencé d'observer et de décrire les inégalités de la surface de la terre, et où l'on a voulu en expliquer la production ; on a peine, en effet, à la vue d'une de ces inégalités tant soit peu prononcées en hauteur ou en étendue, à ne pas parler de soulèvement, de poussée intérieure qui aurait surélevé, *soulevé* la surface en question.

Aujourd'hui que des notions incomplètes et superficielles ont fait place à une théorie plus générale et plus précise sur le premier état de notre globe, et sur les conséquences de tous ordres qui ont dû résulter d'un état primitif d'incandescence suivi d'un refroidissement graduel et progressif, le terme de Soulèvement ne correspond plus, le plus souvent, à la réalité. Un simple mouvement de *bas en haut* ne peut plus être invoqué comme la cause initiale et unique de toutes les inégalités terrestres (Voir pag. 28 et Note pag. 46). La lutte entre la théorie dite des *soulèvements* et la théorie opposée dite des *affaissements* n'a plus de raison d'être; comme celle des Plutoniens et des Neptuniens, elle a cessé devant une appréciation plus saine des faits, et, comme la plupart des doctrines scientifiques, ces théories géologiques ont perdu leur caractère exclusif pour se compléter l'une l'autre par leur part respective de vérité. Dans l'état actuel de nos connaissances, le terme de Soulèvement me paraît condamné à une application si restreinte que j'ai cru devoir m'abstenir de l'employer dans le cours de cette Notice; je n'ai fait, en quelque sorte, qu'imiter l'exemple d'Élie de Beaumont, qui depuis 1852 a remplacé l'expression de *Systèmes de*

14

Soulèvements par celle de *Systèmes de Montagnes.*
(Voir un mot sur les *Systèmes de Montagnes,* pag. 111.)

Stéatite. — Talc massif. (Voir ce mot.)

Stratoïde (Roche).— On n'a jamais discuté sur la stratification (Voir pag. 18 et 37) des Calcaires, des Grès
et autres Roches aqueuses ou sédimentaires. On discute tous les jours sur la question de savoir si les
Roches cristallophylliennes (Gneiss, Granite-Gneiss)
sont stratifiées. C'est qu'un fait s'impose à l'observation,
savoir : que la disposition en bancs présentée par les Roches cristallophylliennes n'est pas absolument identique
à celle qu'offrent les Roches aqueuses ; bien des circonstances se rencontrent dans la composition, la situation
et les relations mutuelles des secondes, qui ne s'observent
pas chez les premières.

Ces différences, qui tiennent au mode respectif de formation de ces Roches (Voir pag. 13, III), suffisent à
justifier la dénomination de stratoïdes (στρατὸς εἶδος,
forme de couche).

Les Roches aqueuses seront dites stratifiées, les
Roches cristallophylliennes, stratoïdes.

T.

Talc.— Espèce minérale composée de Silice, de Magnésie et
d'Eau ; se rencontre dans les Roches feldspathiques des
environs de Saint-Gervais. (Voir SM de la Carte détaillée de l'arrondissement de Béziers.)

Talcschiste. — Schiste (Voir ce mot) où domine le Talc ;
savonneux au toucher.

Temps géologiques. — Temps écoulés depuis la première
consolidation du globe jusqu'au premier établissement
des deltas et des cordons littoraux. (Voir les mots
Alluvions et *Appareil littoral.*)

Temps préhistoriques. — Dernière portion des temps géologiques comptée à partir de l'apparition de l'homme sur le globe, attestée par la présence, dans les sédiments, de débris de son squelette ou d'objets façonnés par lui.

Térébratule. — Genre de Brachiopode (Voir ce mot) faiblement représenté dans nos mers actuelles.

Coquille à deux valves, dont la plus grande, la supérieure ou dorsale, porte un crochet plus ou moins recourbé, sous lequel est une ouverture séparée de la charnière par une ou deux petites pièces nommées *deltidium*. Genre très-important pour l'histoire du globe; très-riche en espèces.

La forme Térébratule a surtout abondé durant l'époque secondaire.

Terebratula Repellini. — Espèce de Térébratule éteinte ; susceptible, par la limitation de son existence dans un temps déterminé et relativement restreint, de servir d'Horizon. (Voir *Horizon, Horizon à Terebratula Repellini.*)

Terrain. — Dénomination générale désignant un ensemble de matériaux inorganiques, stratifiés, Stratoïdes (Voir ce mot) ou massifs, correspondant à une portion quelconque des temps géologiques. (Voir pag. 46 et 67.)

Terrasse. — Nom emprunté au langage ordinaire, qui signifie une levée de terre en plate-forme, et employé pour désigner en Géologie une disposition analogue qui s'observe dans les dépôts de la plupart des grands cours d'eau; sur les bords de leur thalweg, on observe des plates-formes étagées en gradins, composées de cailloux roulés; cette disposition provient du rétrécissement successif du lit du cours d'eau et de l'abaissement progressif de son thalweg, au fur et à mesure que le volume de ses eaux a diminué.

Le gradin supérieur représente le premier état du cours d'eau au premier moment de l'établissement de la vallée.

On observe une et même deux terrasses de l'Hérault aux environs de Paulhan (arrondissement de Lodève); l'inférieure supporte la voie ferrée après le passage du pont; la supérieure se voit en amont, dans la direction de Canet.

Tourbe. — Combustible de formation actuelle, produit par certaines plantes nommées *Sphagnum*, *Hypnum*, etc., renfermant plus de carbone que le bois.

Des tourbes se forment de nos jours dans quelques lieux bas du plateau de l'Espinouse (T de la Carte détaillée de l'arrondissement de Saint-Pons).

Trachyte. — Roche formée d'un feldspath très-bien caractérisé par son aspect vitreux et sa texture fendillée; ces fendillements rendent la roche âpre au toucher; d'où son nom (τραχὺς, âpre).

Ne se trouve pas dans le département.

Travertin. — Synonyme de Tuf. (Voir ce mot.)

Trias. — Terrain composé de trois termes qui s'accompagnent dans certains pays, mais dont le médian est sujet à manquer: le Keuper en haut, le Grès bigarré dans le bas et le Muschelkalk entre les deux. (Voir ces mots.)

Trilobite. — Famille de la classe des Crustacés complétement éteinte; a vécu pendant les premiers temps de l'époque primaire.

Corps ovale allongé, divisé par deux sillons longitudinaux en trois lobes; d'où leur nom qui leur a été donné par Al. Brongniart.

Leur corps se compose de trois parties distinctes: l'antérieure appelée bouclier, rappelant assez bien la partie antérieure du crustacé actuel appelé limule ; la deuxième nommée thorax ; la troisième désignée du nom de pygidium.

Cette famille, établie par Al. Brongniart, a été particulièrement étudiée par M. Barrande, qui est parvenu, à la suite de recherches persévérantes dans le terrain silurien de Bohême, à saisir les traits les plus intimes de l'organisation de ces animaux et à surprendre les différentes phases de leur accroissement.

On retrouve des débris nombreux de Trilobites dans la région de Cabrières, près Clermont de Lodève (arrondissement de Béziers).

Tuf. — Dépôt calcaire formé par des eaux chargées de carbonate de chaux, celluleux ou compacte ; cette dernière variété s'appelle plus spécialement Travertin.

Ces sortes de dépôts se sont formés à toutes les époques et se forment encore aujourd'hui.

Tuf quaternaire. — Tuf déposé durant l'époque quaternaire. (Voir pag. 66.)

Exemples : celui de Castelnau, près Montpellier, remarquable par les empreintes de feuilles qu'il renferme ; celui de Vendres, au sud de Béziers, contenant des Cyclostomes et des Helix actuels, dont quelques-uns ont conservé leurs couleurs.

Le mot de Tuf s'emploie aussi très-souvent comme synonyme du mot suivant :

Tuffa.— Matières rejetées par les volcans sous forme de cendres ou de boue, quelquefois agglutinées de manière à former une roche de solidité variable.

Tuffa basaltique.— Fragments basaltiques très-atténués, mélangés à divers silicates de composition diverse, parmi lesquels on a signalé à Montferrier, près Montpellier, la présence d'une espèce particulière qui a été nommée Palagonite. On trouve des tuffas à Vias, Maguelone, etc.

U.

Unio. — Mollusque de la famille des moules; coquille bivalve, à valves égales, ovale ou allongée.

Unio Cazalisi. — Espèce d'Unio dénommée par M. Matheron, se rencontrant dans les grès de Villeveyrac.

V.

Variolite. — Roche de la famille des *Roches vertes* (Voir ce mot), formée d'une pâte et de noyaux de feldspath auquel se trouve associée une autre espèce minérale appelée Diallage. (Voir Collections de la Faculté et Livre de Brard.)

Je ne l'ai pas signalée dans mon Tableau général des Roches (pag. 11), parce qu'elle ne joue pas un rôle considérable parmi les matériaux constitutifs du globe; je n'en ai pas fait mention dans mes Roches départementales, parce qu'elle ne forme aucune de nos masses minérales. Si je la mentionne ici, c'est qu'on la rencontre quelquefois sous forme de cailloux généralement aplatis (galets) sur le cordon littoral de notre plage (Frontignan, Maguelone).

Walchia. — Végétal de la famille des Conifères, ressemblant aux araucarias de l'époque actuelle; éteint aujourd'hui; a vécu durant la période permienne (Voir pag. 65) et en a marqué les premiers sédiments de ses empreintes.

Walchia Schlotheimi, Hypnoïdes. — Espèces de Walchia établies par M. Adolphe Brongniart sur des empreintes recueillies dans les schistes ardoisiers de Lodève.

TABLE DES MATIÈRES

FIN.

Elévation d'un talus de la tranchée de Berberon[1] montrant la pénétration
des Schistes permiens par un filon de Basalte.

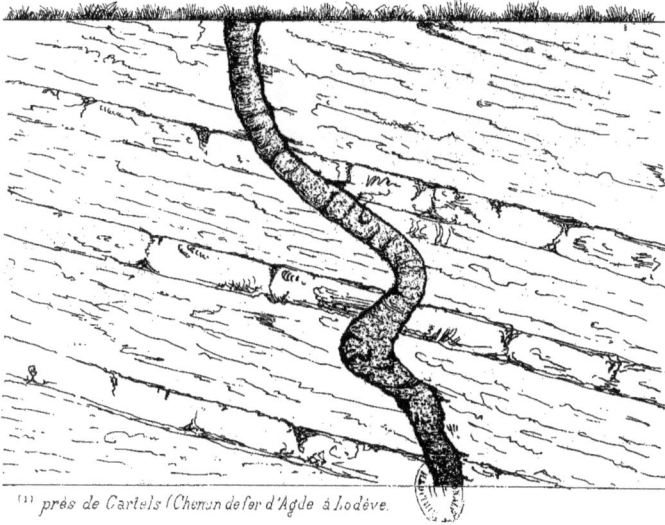

[1] près de Cartels (Chemin de fer d'Agde à Lodève.

Talus de la tranchée du Fort de Saint-Thibéry
Chemin de fer d'Agde à Lodève

Tuffa

Cailloutis.

Lith Boehm & fils. Montp.^r

Pl. II.

COUPE DU MONT St LOUP ET DU MONT ORTUS. N.S.

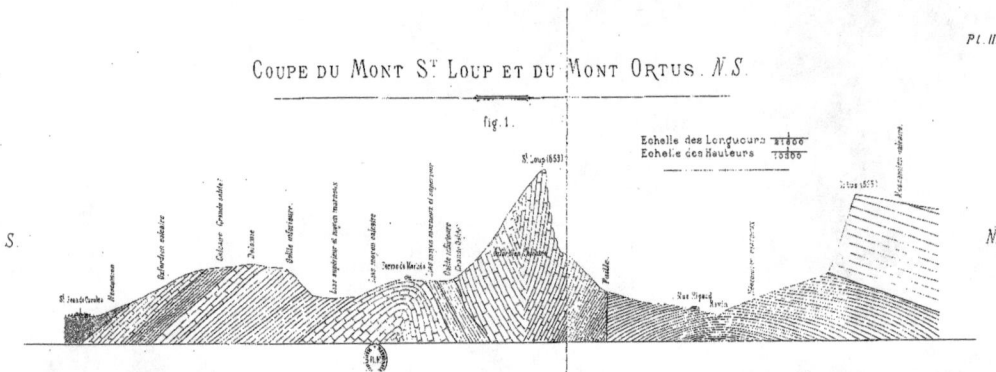

fig. 1.

Echelle des Longueurs
Echelle des Hauteurs

S.

N.

COUPE DU BASSIN HOUILLER DANS LA MONTAGNE DE LA PADÈNE ENTRE CAMPLONG ET GRAISSESSAC.
(N Garella)

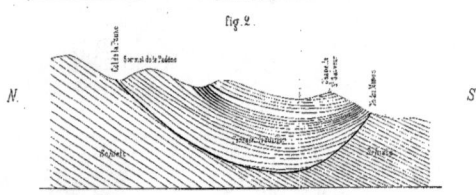

fig. 2.

N.

S.

COUPE DU TERRAIN HOUILLER ENTRE LE BOUSQUET ET St XIST.
(N Garella)

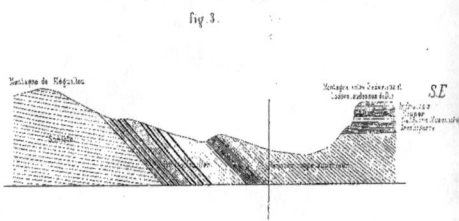

fig. 3.

Pl. III.

COUPE DE LA GAILLARDE A FONT-COUVERTE & AU BOIS DE LA COLOMBIÈRE

Environs de Montpellier.

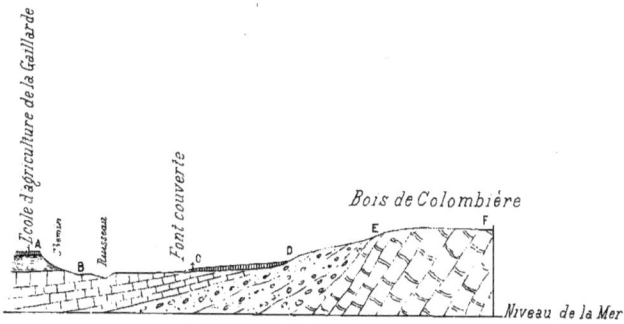

Nota : Axe de la coupe de la Gaillarde à Font-Couverte O-E — de Font-Couverte à la Colombière, S-N

A Marnes sableuses jaunes avec moules de coquilles. A.B-Marnes bleues. B C-Calcaire lacustre blanc.

C D-Tuf quaternaire. D.E.-Poudingue lacustre. E F-Calcaire jurassique gris, en gros bancs.

Coupe de Roquedaut a la Livinière

Arrondissement de S.t Pons.

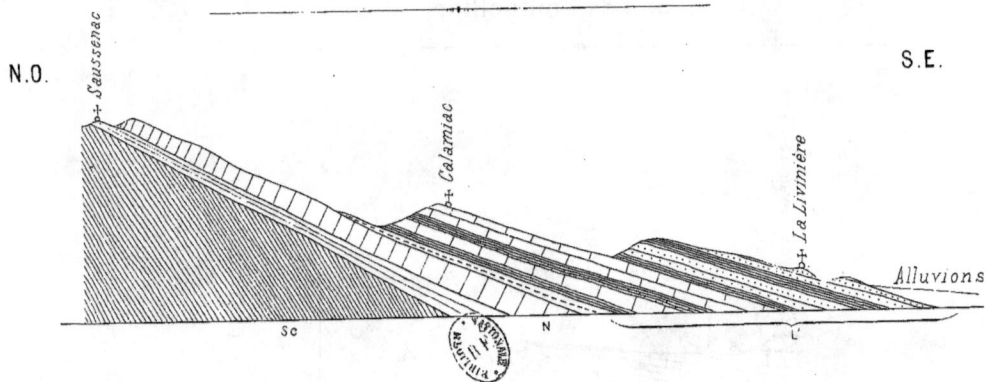

N.O.

S.E.

Saussenac

Calamiac

La Livinière

Alluvions

Sc

N

L'

Sc. *Schistes paléozoïques* L-*Formation lacustre Sous-nummulitique*

N. *Formation marine Nummulitique* L' *Formation lacustre* (Eocene)

Lith. Boehm & fils,

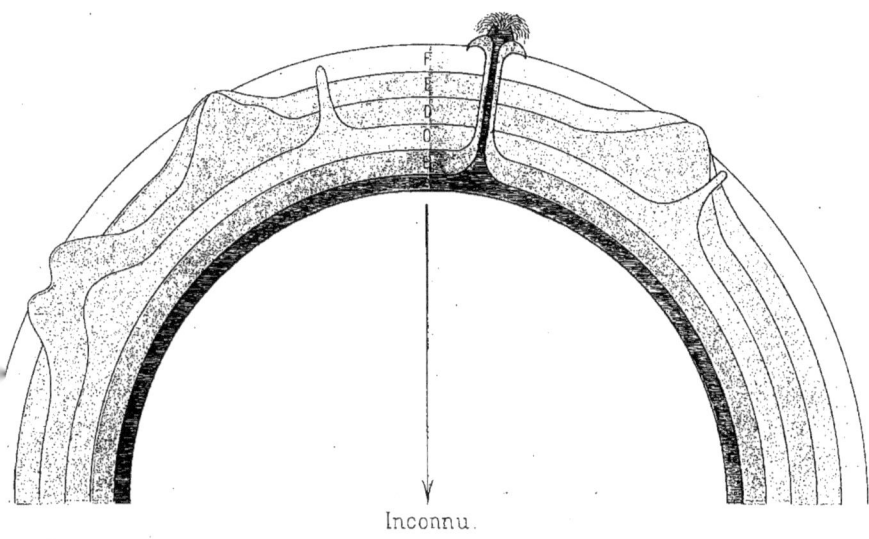

Inconnu.

F	Produits de surface, Roches sédimentaires *(Calcaire, Grès, etc.)*
E	Sol cristallophyllien *(Gneiss, Granite, Micaschiste, etc.)*
D	Granite porphyroide, Porphyre.
C	Roches vertes *(Amphiboles, Serpentine, etc.)*
B	Trachyte, Basalte.
	Produits volcaniques actuels.

Produits de fond.

Lith. Boehm & Fils, Montpellier

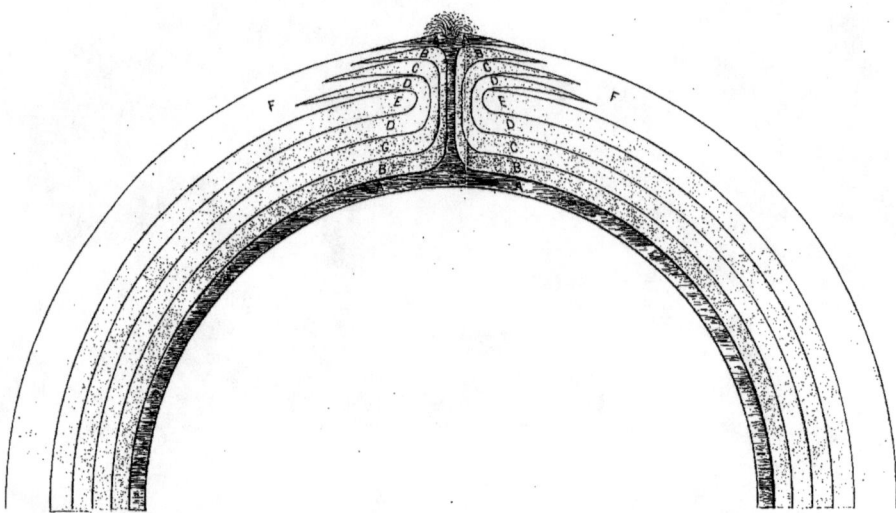

| F | Produits de surface, Roches sédimentaires *(Calcaire, Grés, etc.)* |
| E | Sol cristallophyllien *(Gneiss, Granite, Micaschiste, etc.)* |

D	Produits de fond.	Granite porphyroide, Porphyre.
C		Roches vertes *(Amphibolite, Serpentine, etc.)*
B		Trachyte, Basalte.
A		Produits volcaniques actuels.

Lith. Becker & fils, Montreal.

Diagramme . 1.

iveau

Roc du Mendic (459)

Filon de Quartz améthyste

Cazilhac (2501 0·i (Rivière)

(310)

Sondage pour la recherche de la Houille ficule de Lodève à Bédarieux Graïzzon (Rivière) (255)

Le Pioch (550)

Gr

de

Pr¹

la

Mer

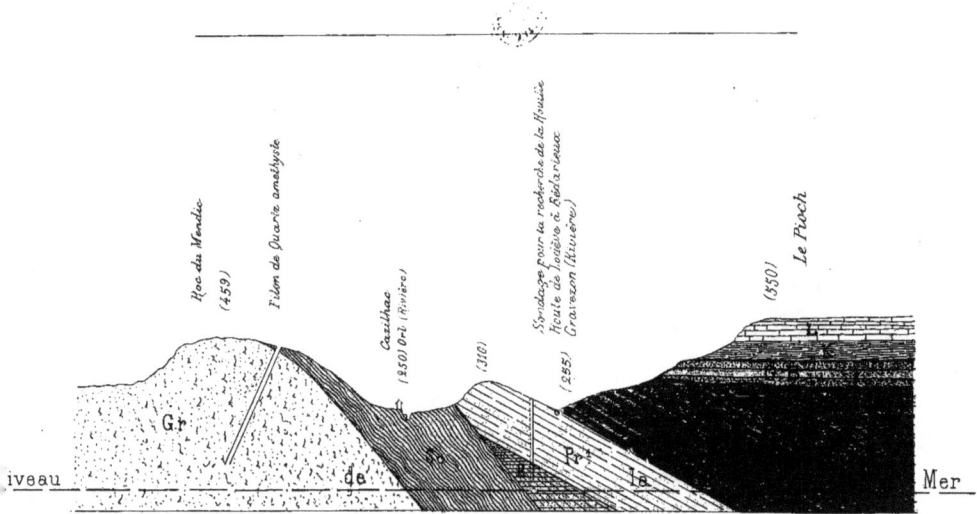

Gr. Granite, Sc. Schistes paléozoïques H. Terrain houiller, Pr¹, Pr². Permien, G.B. Grès bigarré
K- Keuper, L. Calcaire infraliasique

Diagramme. 2.

Coupe *N. 27° E.* du Mas Blanc.

Echelle de $\frac{1}{5000}$

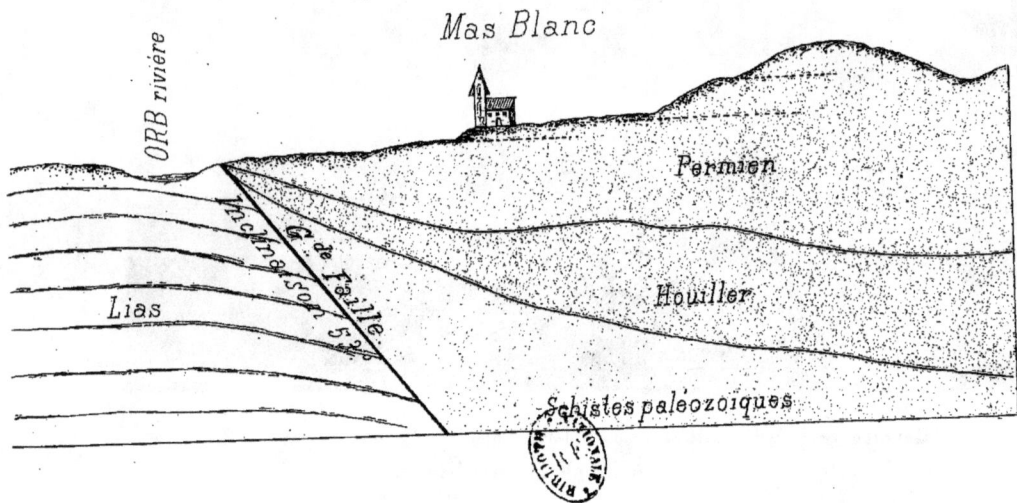

Mas Blanc

ORB rivière

Permien

G. de Faille.

Inclinaison 52°

Houiller

Lias

Schistes paléozoiques

Lith Boehm & fils. Mont

CARTE GÉOLOGIQUE DE LA RÉGION DE JONCELS

Arrondissement de Lodève.

Echelle de 0.0005 par Métre.

B

A

Granite.

B

Marnes bigarrées.

Grès.

Valeyrac

Grès.

C

Cargneules.

E

Marnes ternes.

D

Calc.
F
infralias
ique.

Calc.
F

E ——————————————————— F

Marnes ternes.

Cargneules.

E

C

Grès.

Joncels

D

fer

B

de

Marnes bigarrées

la

de

Chemin

Direction

de

F

Dolomie

F

Calcaire
marneux.

Calcaire magnésien.

F

A

Lith. Boehm R. Fils à Paris

Pl. VIII.

Coupes Géologiques de la Région de Joncels.

Arrondissement de Lodève.

Echelle des longueurs 0.0005 par mètre – Echelle des hauteurs 0.001 par mètre.

Coupe A.B.

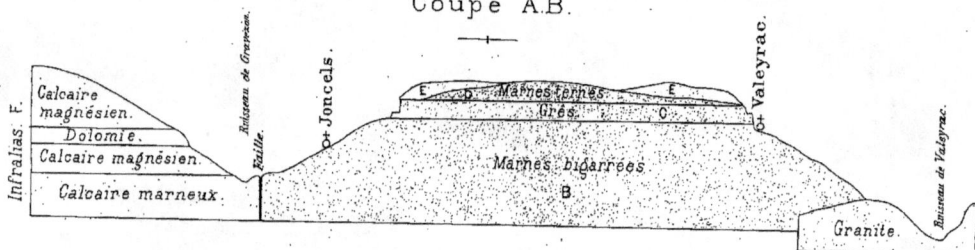

Infralias. F.

Calcaire magnésien.
Dolomie.
Calcaire magnésien.
Calcaire marneux.

Ruisseau de Grandoux.

Faille.

O^r Joncels.

E   D   Marnes ternes.   E
Grès ?   C

Marnes bigarrées.
B

O^r Valeyrac.

Ruisseau de Valeyrac.

Granite.

Coupe E.F.

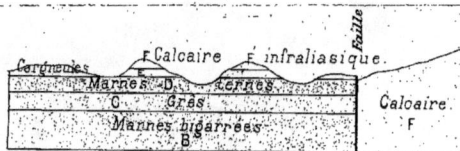

Cargneules   F Calcaire   F infraliasique.
Marnes D ternes.
C   Grès
Marnes bigarrées.
B

Faille.

Calcaire.
F

Coupe C.D.

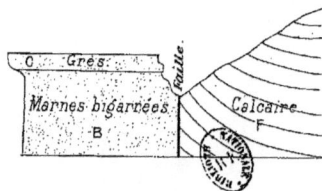

C   Grès.
Marnes bigarrées.
B

Faille.

Calcaire.
F

Lith. Boehm. & Fils. Montp.

Pl. IX.

COUPE GÉOLOGIQUE en travers du Département de L'HÉRAULT.

du N.O. au S.E.

Echelle des longueurs $\frac{1}{280.000}$. — Echelle des hauteurs $\frac{1}{40.000}$.

La Légende est la même pour cette Coupe que pour la Carte (Pl. X), sauf :

C.P. *Calcaire paléozoïque* - LAC$^{(1)}$ *Lacustre inférieur à M.* - LAC$^{(2)}$ *Lacustre intercalé dans M.*

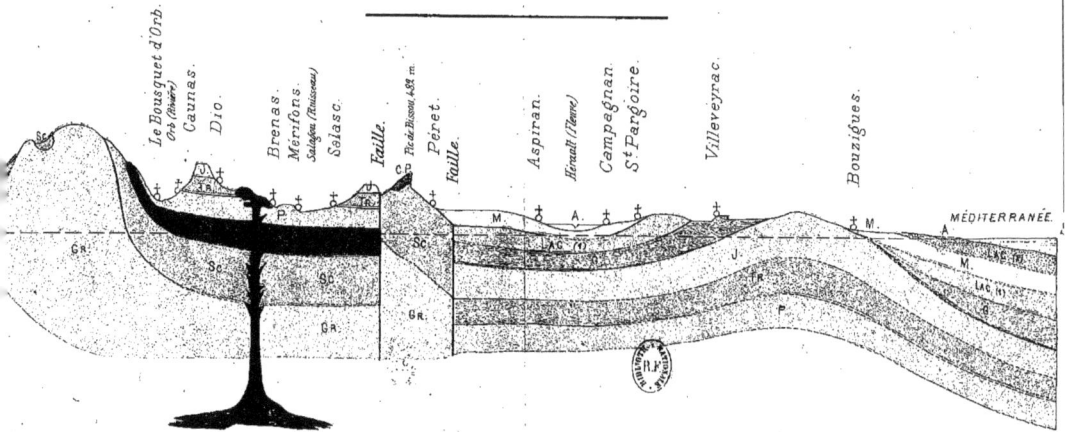

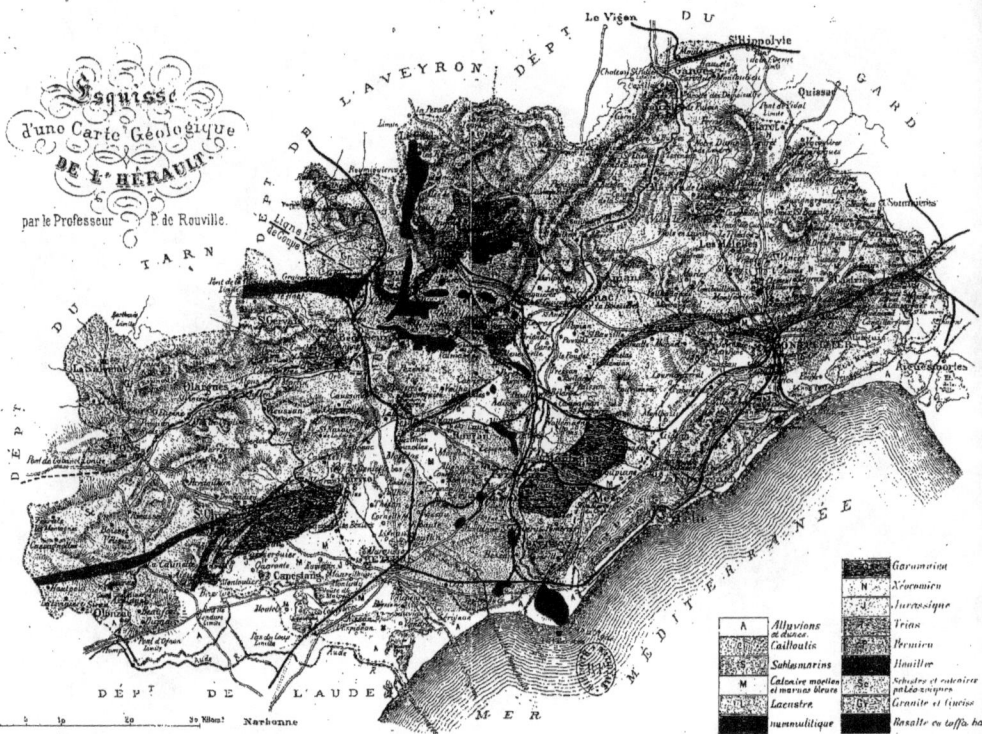

Pl. X

Esquisse
d'une Carte Géologique
DE L'HÉRAULT

par le Professeur P. de Rouville.

DÉPT DE L'AVEYRON · DÉPT DU GARD

DÉPT DU TARN

DÉPT DE L'AUDE

Le Vigan

St Hippolyte

Quissac

Narbonne

MÉDITERRANÉE

MER

Ligne de partage

A	Alluvions et dunes
	Cailloutis
S	Sables marins
M	Calcaire mœllon et marnes bleues
	Lacustre
	nummulitique

	Garumnien
N	Néocomien
	Jurassique
	Trias
	Permien
	Houiller
	Schistes et calcaires paléozoïques
G	Granite et Gneiss
	Basalte ou tuffs basaltiques

Echelle de 1/500,000

0   5   10   20   30 Kilom.

Lith Boehm & Fils Montpellier

www.ingramcontent.com/pod-product-compliance
Lightning Source LLC
Chambersburg PA
CBHW070304200326
41518CB00010B/1887

* 9 7 8 2 0 1 2 6 7 3 9 8 4 *